"十四五"时期水利类专业重点建设教材（职业教育）

农村供水工程

主　编　聂新华　王大伟　栗端付

副主编　杜英欣　张　勇　吴煜楠　李维军　王昱文

参　编　周宏飞　杨　平　王翰麟　周　阳　张原培

U0238396

中国水利水电出版社

www.waterpub.com.cn

·北京·

内 容 提 要

本书是为"农村饮水供水工程技术"专业而编写的专业核心课程教材，全书共分10章，包括绪论，农村供水工程管理体制，水质检测，水源与水源地管理，取水构筑物运行管理，水质净化和消毒，输配水管道（网）、调节构筑物运行管理与泵站机电设备管理，经营管理，安全生产与节能和信息化管理。

本书是为适应国家中等职业技术教育的改革和发展而编写的，可作为中等职业学校农村饮水供水工程技术专业的教材，也可供高等职业院校、高等专科学校的水利类专业、环境工程类其他专业、工程技术人员参考。

图书在版编目（ＣＩＰ）数据

农村供水工程 / 聂新华，王大伟，栗端付主编. --
北京 ： 中国水利水电出版社，2024.4
ISBN 978-7-5226-2158-6

Ⅰ. ①农… Ⅱ. ①聂… ②王… ③栗… Ⅲ. ①农村给
水－给水工程 Ⅳ. ①S277.7

中国国家版本馆CIP数据核字(2024)第022517号

书　　名	"十四五"时期水利类专业重点建设教材（职业教育） **农村供水工程** NONGCUN GONGSHUI GONGCHENG	
作　　者	主编　聂新华　王大伟　栗端付	
出 版 发 行	中国水利水电出版社 （北京市海淀区玉渊潭南路 1 号 D 座　100038） 网址：www.waterpub.com.cn E-mail：sales@mwr.gov.cn 电话：（010）68545888（营销中心）	
经　　售	北京科水图书销售有限公司 电话：（010）68545874、63202643 全国各地新华书店和相关出版物销售网点	
排　　版	中国水利水电出版社微机排版中心	
印　　刷	清淞永业（天津）印刷有限公司	
规　　格	184mm×260mm　16 开本　10.5 印张　256 千字	
版　　次	2024 年 4 月第 1 版　2024 年 4 月第 1 次印刷	
印　　数	0001—1000 册	
定　　价	**39.50 元**	

凡购买我社图书，如有缺页、倒页、脱页的，本社营销中心负责调换

版权所有·侵权必究

前　言

　　本书是贯彻落实《国务院关于印发国家职业教育改革实施方案的通知》（国发〔2019〕4号）、《中等职业学校专业目录》修订新增专业目录（2019）和《水利部　教育部关于进一步推进水利职业教育改革发展的意见》（水人事〔2013〕121号）等文件精神而编写的。本书以培养学生德智体美劳全面发展为导向，以培养学生职业技能为主线，具有鲜明的时代特点，体现可实用性、适应性、实践性和创新性的特点。

　　本书在编写中，考虑到中等职业技术教育的特点和教学要求，结合专业的岗位能力需求和实际工作需要，本着既要贯彻"少而精"，又力求突出科学性、先进性、针对性、实用性和注重技能培养的原则，将本书分为10章，包括绪论，农村供水工程管理体制，水质检测，水源与水源地管理，取水构筑物运行管理，水质净化和消毒，输配水管道（网）、调节构筑物运行管理与泵站机电设备管理，经营管理，安全生产与节能和信息化管理。

　　本书从实际出发，通俗易懂，语言平实。在理论讲解的同时，引用了近年来一些工程的实例，使学生在学习过程中能够更好地理解所学知识。本书采用现行的新标准、新规范，体现新技术的应用。其他专业可根据自身的教学目标及教学时数，对教材内容进行取舍。

　　本书既可作为中等职业学校农业农村供水工程技术专业及专业群的教材，也可供高等职业院校、高等专科学校的水利类专业、环境工程类等其他专业使用，还可作为水利行业培训教材，同时也可供其他有关工程技术人员和管理人员参考使用。

　　本书在编写中引用了相关专业的有关资料和文献，在此对有关文献作者表示感谢！

　　由于编者水平有限，书中难免出现不妥之处，诚恳希望读者批评指正。

编者

2024年1月

目　录

第一章

绪　论

第一节　农村供水工程的分类与主要标准

一、农村供水工程的分类

农村供水工程是指为提供农村居民生活饮用水而兴建的城市供水工程管网覆盖范围外的集中供水工程，包括水源工程、取水设施、净化消毒设施、输配水管网、信息化监控系统、入户设施及其相关附属设施。

农村供水工程中主要分为两大类，分别是集中式供水工程和分散式供水工程。集中式供水工程是指以村镇为单位，从水源集中取水、输水、净水，水质达到饮用水卫生标准后，利用配水管网统一送到用户或集中供水点的供水工程。集中式供水工程可以具体定义为集中供水人口大于等于 100 人，并且有配输水管网的供水工程，具体包括城镇管网延伸工程、联村工程及单村工程三种类型。分散式供水工程是指除了集中式供水工程以外的无配水管网，以单户或者联户为单位的供水工程，包括分散供水井工程、引泉供水工程及雨水集蓄供水工程。随着城镇化水平逐步提高和农村经济社会发展，多数分散式供水将逐步被集中式供水取代。本书将不介绍分散式农村供水的管护使用知识。

集中式农村供水工程根据供水系统的不同性质，可分成不同种类。

（一）按供水规模分

按农村供水工程技术规程的规定，集中式农村供水工程按供水规模可分为 5 个级别，具体标准见表 1-1。

表 1-1　　　　　　　　　　集中式农村供水工程类型划分

工　程　类　型	Ⅰ	Ⅱ	Ⅲ	Ⅳ	Ⅴ
供水规模 $w/(\mathrm{m}^3/\mathrm{d})$	$w>10000$	$5000<w\leqslant10000$	$1000<w\leqslant5000$	$100\leqslant w\leqslant1000$	$w<100$

（二）按水源种类分

按水源种类，集中式农村供水工程可分为地表水供水工程（江河、湖泊、蓄水库等）和地下水供水工程（浅层地下水、深层地下水、泉水等）。

（三）按供水方式分

按供水方式，农村供水工程可分为重力给水工程、压力供水工程和混合供水工程。

二、农村饮水安全评价准则

农村饮水安全，指农村居民能及时取得足量够用的生活饮用水，且长期饮用不影响人身健康。

中国水利学会 2018 年 3 月颁布了《农村饮水安全评价准则》。该指标体系将农村饮用水安全分为安全和基本安全 2 个档次，由水量、水质、用水方便程度和供水保证率 4 项指标组成。农村饮水安全评价 4 项指标全部达标才能评价为安全；4 项指标中全部基本达标或基本达标以上才能评价为基本安全，4 项指标中只要有 1 项未达标或未基本达标，就不能评价为安全或基本安全。

（一）水量

对于年均降水量不低于 800mm 且年人均水资源量不低于 1000m³ 的地区，水量不低于 60L/（人·d）；对于年均降水量不足 800mm 且年人均水资源量不足 1000m³ 的地区，水量不低于 40L/（人·d）为达标。

对于年均降水量不低于 800mm 且年人均水资源量不低于 1000m³ 的地区，水量不低于 35L/（人·d）；对于年均降水量不足 800mm 且年人均水资源量不足 1000m³ 的地区，水量不低于 20L/（人·d）为基本达标。

（二）水质

千吨万人供水工程的用水户，水质符合《生活饮用水卫生标准》（GB 5749—2022）的规定；千吨万人以下集中式供水工程及分散式供水工程的用水户，水质符合《生活饮用水卫生标准》（GB 5749—2022）中农村水质宽限规定为达标。

对于当地人群肠道传染病发病趋势保持平稳、没有突发的地区，在不评价菌落总数和消毒剂指标的情况下，千吨万人供水工程的用水户，水质符合《生活饮用水卫生标准》（GB 5749—2022）的规定；千吨万人以下集中式供水工程及分散式供水工程的用水户，水质符合《生活饮用水卫生标准》（GB 5749—2022）中农村水质宽限规定；分散式供水工程的用水户，饮用水中无肉眼可见杂质、无异色异味、用水户长期饮用无不良反应为基本达标。

（三）用水方便程度

供水入户（含小区或院子）或具备入户条件；人力取水往返时间不超过 10min，或取水水平距离不超过 400m、垂直距离不超过 40m 为达标。

人力取水往返时间不超过 20min，或取水水平距离不超过 800m、垂直距离不超过 80m 为基本达标。

（四）供水保证率

供水保证率不低于 95% 为达标，90%～95% 为基本达标。

三、生活饮用水卫生标准

2022 年 3 月 15 日发布的《生活饮用水卫生标准》（GB 5749—2022），从 2023 年 4 月 1 日起正式实施。它是在《生活饮用水卫生标准》（GB 5749—2006）基础上进行了较大修改充实而形成的。其基本特点有：指标数量由原来的 106 项增加到 97 项，其中新增指标数量 4 项，删除指标数量 13 项；指标分类名称从常规指标和非常规指标调整为常规指标和扩展指标；调整了 8 项指标的限值；删除了针对小型集中式供水和分散式供水水质指标限值放宽的暂时规定，统一了城市和农村饮用水的水质安全评价要求。总体上看，本次标准修订虽然指标数量减少了，但是更能反映我国当前的饮用水水质状况，同时体现了污染物健康效应的最新研究成果，强化了城乡一体化的饮用水水质评价要求，进一步强化了从水源到水龙头全过程全链条的管理。

生活饮用水水质基本要求如下：不得含有病原微生物；所含化学物质不得危害人体健康；所含放射性化学物质不得危害人体健康；感官性状良好。

生活饮用水应经消毒处理，其含义是无论原水来自地表水库，还是深层地下，均应进行消毒处理。有的地方认为取自深层的地下原水水质良好，无须消毒，是不正确的。因为消毒并保留一部分余量的消毒剂可以起到预防出厂水在输配水管道、水池、水塔等水容器中遭受微生物污染的作用。

第二节　农村供水工程系统组成与生产工艺流程

一、农村供水工程系统组成

供水系统的任务是从水源取水，按照用户对水质的不同要求进行处理，然后将水输送至给水区，并向用户配水。

为了完成上述任务，农村供水工程系统由以下几个主要部分组成：取水构筑物，输水管（渠），水的净化处理设施，消毒设施，调节及增压设施，机电设备，输配水管网设施以及水质检验、供用水计量和信息技术应用设施等。

（一）取水构筑物

引取地表水的水源工程可分为从水库、塘坝放水涵管取水，从河道上的引水闸取水，在河湖水库岸边通过泵站取水等几种不同形式。泵站取水又可分为固定泵站和不固定泵站（浮船、缆车）两种类型。

开采利用地下水的取水工程，常见的形式有管井（俗称机电井）、大口井、截潜流（渗渠）、引泉（泉室）等，不同种类的地下水取水工程水文地质条件、运行维护管理做法有所不同。

（二）输水管（渠）

有些地方的水厂与原水取水工程不在同一位置，机井、泵站、涵闸提引的原水需要通过管道（渠道）输送到水厂。

（三）水的净化处理设施

水的净化处理设施是农村供水工程的核心或"心脏"，通常使用不锈钢、碳钢或钢筋混凝土等材料建设，通过混合、絮凝、沉淀、澄清、曝气、过滤等物理或化学过程，起到降低水的浊度、耗氧量、微生物、铁、锰和氟等的作用。根据不同的原水水质，选用不同的净化处理工艺与设施结构。不同种类设施运行维护管理的内容和要求有所不同。

（四）消毒设施

除了目前较少使用的漂白粉和漂精片外，农村供水一般采用紫外线、二氧化氯、次氯酸钠和臭氧（O_3）消毒等。

（五）调节及增压设施

由于水源一般相对平稳，尤其是抽取地下水，不仅在日内甚至在年内各月之间来水量变幅也不大。水厂净水设施处理后送出的水量通常也基本平稳，但用户的用水量在一天之内，如白天与夜间常会发生很大的起伏变化，因此需要在水厂或输水管网中设置水量调节等设施。常用的调节设施有高位水池、水塔、调压水罐等。各种设施的适用条件视供水规模，用水户对水量、水压等使用要求以及地形条件等而定。

（六）机电设备

除了少数利用自然地形高差形成无动力自压供水的农村供水工程基本不配备提水和加压机电设备外，绝大多数水厂在抽取地下水或从河湖地表水源提水以及在通过管网向用户供水加压等环节都需要机电设备。这里讲的机电设备既包括水泵、电动机等主要提水加压设备，也包括配套的变压器、电气开关、变频、自动化控制等设备。

机电设备运行维护管理专业性强，技术含量高，使用年限大大低于钢筋混凝土构筑物。各类机电设备的运行维护管理内容与要求各不相同。

（七）输配水管网设施

输配水管网设施除了主管、支管、入户供水管道等主体，还包括保障管道安全正常运行所需的进（排）气阀、减压阀、泄水阀、检修阀、支墩、镇墩等附属设施。

（八）水质检验、供用水计量和信息技术应用设施

有一定规模的农村供水工程都应配备必要的小型检验设备对原水、出厂水和管网末梢水进行水质检验。水厂的供水量和各村镇居民点用水量、用水户用水量均应设置水表等计量设施。

二、农村供水工程常用生产工艺流程

农村供水工程水处理任务包括澄清和消毒、除臭、除味、除铁、除锰、除氟，预处理和深度处理等，需要根据水源水质和用水户对水质的要求，选择适宜的处理方法和工艺。

（一）以地下水为水源的生产工艺流程

（1）当地下水水质良好，如一些地方抽取所含有害成分均低于《地下水质量标准》的深层地下水，仅需进行消毒处理即可，如图1-1所示。

图1-1 消毒处理工艺流程

（2）当地下水含铁、锰、氟、砷或含盐量等超过《生活饮用水卫生标准》（GB 5749—2022）规定的相应水质指标限值时，需进行净化处理，具体的净水工艺流程见第六章。

（二）以地表水为水源的生产工艺流程

（1）原水浊度较低，如不高于20NTU，其他指标符合《地表水环境质量标准》（GB 3838—2022）Ⅱ类水的要求时，可采用慢滤加消毒工艺，如图1-2所示。

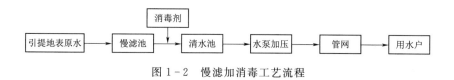

图 1-2　慢滤加消毒工艺流程

（2）原水浊度长期不超过 500NTU，瞬时不超过 1000NTU，其他水质指标符合《地表水环境质量标准》（GB 3838—2002）Ⅱ类水的要求时可采用常规净化生产工艺，如图 1-3 所示。

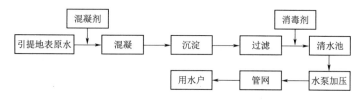

图 1-3　常规净化生产工艺流程

（3）原水浊度长期不超过 500NTU，瞬时不超过 1000NTU，其他水质指标符合《地表水环境质量标准》的Ⅱ类水要求时，可采用一体化净水设备，如图 1-4 所示。

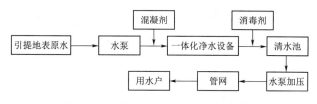

图 1-4　一体化净水设备生产工艺流程

（4）对于原水浊度过高、遭受微污染的地表水，宜采用常规净水工艺前加预氧化、生物预处理或滤后活性炭吸附深度处理等净化工艺。具体的工艺技术要点见第六章。

第三节　农村供水工程管理的内容与要求

一、农村供水工程管理的任务

农村供水工程管理的任务主要有：一是根据国家提出的保障农村居民饮水安全要求和水厂自己的具体情况，合理地使用人、财、物等各种资源，充分发挥其作用，以获取最佳经济效益和社会效益；二是建立和完善水厂组织机构，正确处理水厂管理组织中人与人之间的相互关系，激励所有成员的工作热情，最大限度地调动他们的工作积极性和创造性，为实现水厂的目标而努力工作；三是使水厂管理组织与外部环境相适应，水厂的规章制度与国家和地方相关法规、政策、制度协调，促使水厂良性运行，持久发挥其应有作用。

农村供水事业管理包括宏观和微观两个层面的工作。宏观层面的农村供水管理是指各级政府及有关业务主管部门对农村供水事业的规划、组织、协调、监督和扶持。微观层面的农村供水管理是指水厂管理组织对水厂生产经营活动的管理，包括管理原则、管理制度、管理机构及人事劳动工资、经营方式等的组织与协调等。深化农村供水工程管理体制改革，不能就事论事地局限于一个水厂，需要把水厂管理放到区域乃至整个农村供水事业管理体制改革的大背景下统筹考虑。

二、农村供水工程管理的职能和手段

(一) 农村供水工程管理的职能

所谓管理的职能，是指供水工程管理的功能或作用。供水工程管理的主要职能有计划、组织、协调、控制等几项。

1. 计划

计划是为具体行为制订一定目标及实现目标的程序、步骤和方法。其作用是对农村供水工程生产和经营管理活动做出具有一定前瞻性和可操作性的安排，达到合理配置并充分发挥有限的水资源、人力、资金、材料、设备和工程设施资源的作用。周密和合理的计划有助于管理者细分目标，减少工作的盲目性和无序，同时可以为管理者提供评价工作绩效的基本依据。

农村供水工程计划有中长期发展计划和近期的年度或季度工作计划之分。发展计划包括要实现的目标、发展战略、策略、政策、步骤、措施、规模、时限和要求等内容。年度工作计划则主要针对当年的工作任务目标、人力调配、工程维护等做出主要安排。计划必须尽量做到科学、合法、完整和有效。制订计划应坚持实事求是、从实际出发的原则。制订计划需要分步骤进行，如对上一年工作进行认真总结；对用水现状进行深入调查研究；对目标进行分类细化；在多个可能的计划方案中进行论证分析、对比筛选，选择最佳方案。计划不是一成不变的，在执行中应根据主客观条件的变化适时调整，修改完善。

2. 组织

组织职能在农村供水工程管理中具有重要地位。它是通过合理设计组织结构和权责关系，妥善安排及分配供水管理组织内不同层次、不同车间、班组之间的纵向隶属关系和横向配合关系，明确界定各自的职责，赋予相应的权利，形成有机的管理组织整体和成员间的信息沟通渠道，进而把管理组织的总目标和总任务逐一分解，落到实处，促使管理组织内部协调有序，合理配置人、财、物资源。

3. 协调

在农村供水工程管理过程中，由于成员所处位置、看问题的角度不同，加上利益差异、沟通障碍和认识不同，管理组织内部的上下左右之间、内部与外部之间难免会产生矛盾或冲突，需要及时、有效地协调。协调的手段形式有多种，包括法律的、经济的、行政的和思想文化的等。不断调整管理组织各种关系和内在联系，加强机构和人员之间交流与沟通，增加理解和共识，是做好协调工作的基础。例如，增加水厂与用水户之间的理解、沟通和相互支持，有利于不断改进水厂管理和服务，增强用水户爱护工程设施和按时缴纳水费的积极性。

4. 控制

控制是对管理过程的调节。依据管理组织发展计划和相关规章制度，对水厂管理组织内外各种活动和行为进行引导、约束、限制、监督和检查，发现偏差，采取措施进行纠正，以确保管理组织目标的实现。农村供水工程管理中常见的控制活动是检查、监督、制止对水源的污染破坏、用水的浪费以及控制制水生产成本的不合理增加等。控制是权力的体现。

（二）农村供水工程管理的手段

1. 法律手段

法律手段是指通过制定和实施包括技术标准等在内的法律法规，调整供水管理组织内外关系，对供水管理各方面事务进行控制、指导和监督的管理方法。法律法规是由国家制定并强制实施的。具有法规性质的农村供水工程管理办法、管理规章和制度、纪律规定等，由各级管理部门或水厂管理决策组织制定并强制实施，是水厂工程产权所有者和管理者意志的体现。农村供水事业关系众多农村居民饮水安全，也直接影响着地区经济社会发展，涉及政府、市场、农民等多方面因素，需要有专门的法律法规来规范其建设和管理行为，在法治轨道上解决建设和管理中存在的各种矛盾与问题，减少或避免供水用水相关方的不当行为。

2. 行政手段

行政手段是指依靠行政组织的权力，运用命令、指示、政策、规定、条例等直接对管理对象产生影响的管理方法。其特点是凭借上下级之间的权威和服从关系，直接指挥下级工作。行政手段具有权威性、强制性、垂直性、直接性、针对性和有效性等特点。它能确保管理系统具有集中统一、遵循统一的目标，服从统一的意志，在统一指挥下，统一行动，有效地发挥管理职能。由于农村供水具有较强公共性，行政手段成为政府在推动农村供水发展和行业管理中必不可少的主要手段，也是水厂管理的主要方法之一。行政手段的局限性是容易产生权力过分集中，甚至个人专断、滥用职权，不利于发挥下级单位和人员的积极性与创造性。有时受部门、地区利益局限，会影响横向沟通、协调配合。

运用行政手段管理农村供水事业发展或水厂管理，应注意以下几点：一是依法行政，在行政许可范围内行使职权。二是必须符合农村供水发展客观规律，避免"长官意志"和"瞎指挥"，要掌握适用范围和尺度，不能滥用行政手段。例如，应该由村民自主决策管理的事情，行政部门不要越权包办代替。三是要与法规、经济等其他管理手段配合，综合运用。四是权力与责任对应，建立完善的行政法规和行政责任制。五是不断提高领导者自身素质和能力。

3. 经济手段

经济手段是按照客观经济规律，运用价值工具、物质利益去影响人们的行为的管理方法。经济手段可分为宏观与微观两个层面。宏观经济手段是指政府运用财政或金融手段调控农村供水事业发展。如不同经济发展水平地区实行不同的工程建设财政补助比例、贷款利率、贴息等。微观经济手段是指农村供水工程管理组织通过工资、福利待遇、奖金、罚款等工具把管理组织中各班组或成员个人的利益同其工作业绩挂钩，调动其工作积极性，提高工作效率和质量。

4. 宣传教育手段

宣传教育手段是指通过对被管理者进行灌输和说服教育，启发其觉悟，引导其行为动机，使其自觉地按照管理者意愿行动的管理方法。农村供水工程管理首先是对人的管理。人是有思想、有感情的。思想和感情会影响、支配人的行为。人又是生产力诸要素中最积极、最活跃的要素，是管理系统中最重要的要素。广泛、深入、有效的宣传教育，能为管理提供统一的思想基础，使管理系统获得巨大的精神动力，同时也促使员工队伍的思想道德素质不断提高。

宣传教育要努力做到理论与实际相结合、解决思想问题与解决实际问题相结合、物质鼓励与精神鼓励相结合以及正面教育为主等。宣传教育形式要充分考虑水厂自己的特点和条件，灵活多样，富有人情味。采用说理教育与形象教育、灌输与疏导、感化教育与养成教育、宣传教育与典型示范等多种形式和方法。

5. 技术手段

技术手段是指采用包括先进实用净水技术、信息技术等在内的各种工程技术手段，提高农村供水工程管理能力与效率，降低管理成本的管理方法。这方面的内容在本书其他章节有专门介绍。

三、农村供水工程管理的内容与特点

（一）农村供水工程管理的内容

农村供水工程运行管理工作的内容很多，大致可归纳为如下三个方面。

1. 组织管理

组织管理的主要内容包括：选择并建立适合水厂特点的精干高效管理组织；建立健全并严格执行各项管理规章制度；聘用运行管理员工，采用培训、激励、约束等措施不断提高管理员工的能力和素质，调动他们的工作积极性。对于供水工程资产归农村集体组织所有的水厂，还要建立并发挥用水户参与管理的体制与机制，赋予用水户知情权、参与权、管理权、监督权。

2. 生产管理

农村供水工程的生产管理是日常管理工作的主要组成部分，也是确保实现向居民提供饮水安全目标的关键环节。具体的生产运行管理工作包括：做好水源环境卫生保护，防止水源枯竭和遭受污染；合理安排水厂生产劳动组织，建立正常生产秩序、按照确定的制水生产工艺流程操作使用设施、设备；进行水质化验与检测，严格控制供水质量；按规定对构筑物与管网等工程设施进行维护与检修；做好药剂、设备零件等物资管理和后勤保障工作；制定并实施事故预防和应急处理。

3. 经营管理

作为商品水生产者的农村供水工程，改进和加强经营管理是管理工作的另一项主要内容。经营管理的主要内容包括：合理安排供水结构、做好供水预测和供水计划编制，组织实施供水计划；选用灵活多样的经营管理方式，进行岗位责任和经营绩效考核，提高水厂运行效率，做好供水成本测算，严格控制供水生产成本，执行有关财务制度，做好水费计收和用水户服务，努力增加收入，提高水厂经济效益；开展水厂绩效监测评估等。

（二）农村供水工程管理的特点

农村供水工程管理与城市供水管理既有相同的地方，也有许多不同之处。其管理的主要特点如下。

（1）管理组织结构相对简单，经营管理方式种类多。多数农村供水工程规模不大，管理组织内部分工不细，管理人员较少，常常一职多能、一人身兼数职。农村供水工程经营

管理体制，有国有企业、私人公司、事业单位、村集体管理等，在经营方式上有承包、租赁、目标责任管理等。一些村集体管理个人承包管理或个体水厂经营管理容易产生管理制度不完善、制度执行不严格、管理粗放等问题。

（2）农村供水工程面对水源保证程度低、水源保护难、劣质水处理任务重、农民生活用水来源多以及用水量少等许多管理难题，许多问题是农村供水特有的，而农村供水工程管理组织和管理人员的管理能力相对偏弱，更突显农村供水工程经营管理的艰巨和复杂。

（3）大多数农村居民收入水平低，对水费的经济承受能力有限，使农村供水价格改革进展缓慢，步履维艰。许多水厂难以建立经济上自我维持、良性运行的机制，农村供水工程经营机制改革任重而道远。

（4）农村供水工程数量众多，政府主管部门对它们的管理指导和服务难以深入每个很小的水厂，需要社会化的管理服务。农民自治管水组织和行业协会中介组织发育较晚，力量微弱，缺乏培育壮大非政府管理组织的环境氛围。

四、农村供水工程管理的基本要求

根据农村供水工程管理任务、内容和特点，农村供水工程管理的基本要求主要如下。

（1）认真贯彻执行国家和地方有关法律法规和方针政策。无论采用何种管理组织形式和经营管理方式，农村供水工程管理都要严格执行国家有关法律法规及方针政策，如《中华人民共和国水法》、《中华人民共和国村民委员会组织法》、《水利部 国家发展改革委 民政部关于加强农民用水户协会建设的意见》、《事业单位登记管理暂行条例》、《社会团体登记管理条例》、《中华人民共和国公司法》、《生活饮用水卫生标准》（GB 5749—2022）、《关于加强农村饮水安全工程建设和运行管理工作的通知》等。

（2）向用水户提供符合生活饮用水卫生标准的水及优质配套服务，力求获得用水户较高满意度评价。让供水范围内农村居民及其他用水户对供水服务内容、标准、质量等满意，是农村供水管理的基本要求，用水户满意程度也是衡量农村供水工程管理水平高低的关键指标之一。

（3）建立并不断完善、严格执行各项规章制度建立健全并严格贯彻执行水厂运行管理各项规章制度，包括：水厂章程、职工代表大会制度等基本规章制度，水厂运行、维修养护、供水服务、财务管理等基本工作制度，机电设备和净化消毒设备等操作规章制度。通过完备的制度和严格执行，达到周密细致组织供水生产计划和劳动组织，使工程设施功能与技术参数始终保持良好状态、正常运行，确保水厂供水质量符合国家标准。

（4）深化水厂管理体制改革，完善水厂管理组织。采用适合农村供水工程的管理组织形式，使水厂经营管理组织机构健全、精干、高效，改善管理队伍人才结构，不断提高管理人员的素质和能力，适应现代水厂生产和经营管理服务的需要。

（5）采用适合水厂条件与特点的经营方式。改革水厂经营机制，因地制宜采用权责明确、民主公平、富有活力、监督制约机制健全的经营管理方式。严格成本核算，千方百计控制和降低生产成本，增加经营收入，执行国家和地方有关供水水价改革与改进经营管理的政策，提高水费收取率，努力创造条件，建立水厂的良性运行机制。

（6）依靠科技进步，提高农村供水工程现代化水平。引进先进、适用的制水、供水技术，结合本厂条件，消化吸收，改进落后生产工艺和管理方法，积极运用计算机、信息技术等现代科技，提高农村供水工程管理水平。

第四节　我国农村供水发展概况

一、我国农村供水发展回顾

千百年来，农村居民点多傍水而建，或选在比较容易获取井泉水的地方，农村居民使用人力、畜力或简易取水工具取用未经处理的天然水。中华人民共和国成立以后，伴随着大规模的农田水利建设，农村人口增加，灌溉以及工业用水剧增，一些原来可供生活饮用的地表、地下水源日渐减少，有的甚至枯竭。农民生活方式的改变，生活水平的提高，对更方便地获取合格的饮用水提出了日益提高的要求。作为农村水利的主要组成部分的农村供水事业发展经历了从简易到正规、从粗放到集约的逐步解决、逐步提高的过程。

（1）20世纪50—60年代，各地兴起了以提高抗旱防洪除涝能力、改善农业生产条件为目标的农田水利基本建设，结合蓄、引、提等灌溉水源工程建设，解决了一些地方历史上长期存在的农村人畜饮水难问题。

（2）20世纪70—80年代，解决农村人畜饮水困难问题正式纳入农田水利工作范围，引起了各级政府的重视，采取在小型农田水利补助经费中安排专项资金和工代赈等方式解决农村人畜饮水困难。1983年，国务院批转了《改水防治地方性氟中毒暂行办法》；1984年，国务院批转了《关于加快解决农村人畜饮水问题的报告》及《关于农村人畜饮水工作的暂行规定》，明确了农村人畜饮水困难和人畜饮用水用水量的标准。受当时经济社会发展水平和各级政府财力以及农民自筹资金能力的限制，人畜饮水工程建设标准普遍偏低，重点解决让农民"有水喝"的问题，尚未引起对水质卫生的足够的重视。

（3）20世纪90年代，解决农村人畜饮水困难正式纳入国家扶贫攻坚计划。1991年，水利部编制了《全国农村人畜饮水、乡镇供水10年规划和"八五"计划》。1994年国务院批准的《国家八七扶贫攻坚计划》把解决农村人畜饮水困难纳入其中，工作力度明显加大。20世纪90年代后期，甘肃省组织实施了"121雨水集流工程"，贵州省实施了"渴望工程"，内蒙古自治区实施了"380饮水解困工程"，四川省集中安排了财政专项资金，要求3年解决历史遗留的人畜饮水困难。到1999年年底，全国累计解决了约2.16亿农村居民饮水困难问题，解决农村人畜饮水难进度明显加快。但是由于水源污染加剧，农村人口增加，以及补助标准偏低，工程建设标准不高等因素，一些地方边解决边新增，剩下来的待解决人口，都是难啃的"硬骨头"，而巩固饮水解困成果的任务更是艰巨。

（4）2000—2005年，党中央提出了"三个代表"重要思想和以人为本的科学发展观，各级政府及有关部门调整工作思路，加大了农村饮水解困工作力度。2000年，水利部编制了《全国解决农村饮水困难"十五"规划》，提出了分阶段解决农村人畜饮水困难的目标，首先重点解决《国家八七扶贫攻坚计划》剩余的饮水困难人口，在此基础上再解决新出现的饮水困难问题，力争到"十五"末基本解决长期困扰我国农村发展的饮水困难问题。2001—2004年，中央大幅度增加投入，共安排国债资金97亿元，地方和群众筹资85.5亿元，共解决了5618万农村人口的饮水困难问题。此后，农村供水工作的重点转到了解决饮水安全的新阶段。

（5）2005 年 3 月，国务院常务会议审议通过了水利部、国家发展改革委和卫生部编制的《2005—2006 年农村饮水安全应急工程规划》，安排工程建设总投资 77.9 亿元，其中中央补助 38.4 亿元，解决 2120 万农村人口的饮水不安全问题。2006 年，国务院批准《全国农村饮水安全工程"十一五"规划》，任务是"十一五"期间使农村饮水不安全人数减少一半。其中优先解决对农民日常生活和身体健康影响较大的饮水不安全问题，包括饮用水中氟大于 2mg/L、砷大于 0.05mg/L、溶解性总固体大于 2g/L、耗氧量（COD_{Mn}）大于 6mg/L、致病微生物和铁、锰严重超标的水质问题，以及水量不足、水源保证率低、取水极不方便等问题。在加大工程建设力度的同时，深化管理体制和运行机制改革，全面推行用水户全过程参与建设与管理；明晰工程产权、落实管理主体和管护责任，集中式供水工程努力做到按成本计量收费、良性运行；所有县都要建立农村供水服务网络，县级卫生部门都要建立起农村供水水质卫生监测体系。

"十一五"期间，共下达农村饮水安全工程建设投资计划 1009 亿元，其中中央补助资金 590 亿元，计划解决 20898 万农村人口的饮水不安全问题。实际完成总投资 1053 亿元，其中中央补助资金 590 亿元，地方财政配套和农民群众自筹 439 亿元，社会融资 24 亿元。共解决了 19 万个行政村、21208 万农村人口饮水不安全问题。新建集中式供水工程 22.1 万处，新增供水能力 2628 万 m^3/d，受益人口 2.02 亿人，集中式供水人口受益比例由 2005 年年底的 40% 提高到 2010 年年底的 58%；新建分散式供水工程 66.1 万处，受益人口 1040 万人。实施农村饮水安全工程，改善了项目区农民的生活条件，提高了健康水平，让老百姓真正得到了实惠，深受广大农民群众的欢迎和拥护，被誉为"民心工程、德政工程"，得到了社会各界的广泛赞誉。

2012 年 3 月，国务院常务会议审议通过了《全国农村饮水安全工程"十二五"规划》，任务是解决 2.98 亿农村人口（含国有农林场）饮水安全问题和 11.4 万所农村学校的饮水安全问题。其中，到 2013 年解决原农村饮水安全现状调查评估核定剩余人口的饮水安全问题，到 2015 年基本解决新增农村饮水不安全人口的饮水问题，使全国农村集中式供水人口比例提高到 80% 左右，供水质量和工程管理水平显著提高。截至 2015 年年底，全国共解决 5.2 亿农村居民和 4700 多万农村学校师生的饮水安全问题。

（6）2015 年 11 月 29 日，《中共中央 国务院关于打赢脱贫攻坚战的决定》明确提出要"实施农村饮水安全巩固提升工程，全面解决贫困人口饮水安全问题"。2019 年 4 月，习近平总书记在重庆主持召开解决"两不愁三保障"突出问题座谈会，明确提出统筹研究解决饮水安全问题。各地党委、政府和水利等部门，坚决贯彻中央决策部署，坚持以人民为中心的发展思想，加强组织领导，聚焦脱贫攻坚，多渠道筹集资金，全力推进实施农村饮水安全巩固提升工程。"十三五"期间，各地共完成投资 2093 亿元，其中安排中央专项投资 296.06 亿元（含中央财政解决苦咸水的专项补助资金 16.06 亿元），累计提高了 2.7 亿农村人口供水保障水平，其中解决了 1710 万建档立卡贫困人口饮水安全、975 万人饮水型氟超标和 120 万人饮用苦咸水问题，按照现行标准贫困人口饮水安全问题得到全面解决，饮水型氟超标和苦咸水问题得到妥善解决。

（7）2021 年 9 月，水利部出台了《全国"十四五"农村供水保障规划》，规划提出，到 2025 年，全国农村自来水普及率达到 88%，提高规模化供水工程服务农村人口比例；

完善农村供水长效运行管理体制机制，健全水价形成和水费收缴机制，提升供水管理服务水平。强化水源保护，完善水质净化消毒设施设备，确保供水水质安全。到 2035 年，继续完善农村供水设施，提高运行管护水平，基本实现农村供水现代化。

二、我国农村供水现状

到 2020 年年底，贫困人口饮水安全问题得到全面解决。到 2023 年年底，全国共建成农村供水工程 563 万处，可服务农村人口（农村常住人口和县城以下的城镇常住人口，也包括节假日等期间返乡的农村户籍外出务工人口）8.7 亿人；农村自来水普及率达到90%，规模化供水工程覆盖农村人口比例达到 60%。农村供水运行机制改革取得突破性进展，农村供水保障水平进一步提升。

农村供水工程的实施让亿万农村群众真正得到了实惠，全面解决贫困人口饮水安全问题，农村供水质量和用水方便程度显著改善，有效提高了农村居民的生活质量；促进了城乡居民基本公共服务均等化，有效提升了农民健康水平，广大农民告别了饮用苦咸水、高氟水的历史；显著改善了农村人居环境，助力美丽乡村建设，农村人口的获得感、幸福感和安全感进一步增强；促进了贫困地区农民脱贫增收、经济社会发展和民族团结，维护了社会和谐稳定，充分体现了社会主义国家集中力量办大事的制度优势。

三、我国农村供水存在的主要问题和原因分析

（一）主要问题

由于我国地域辽阔，自然经济条件和水资源禀赋差异较大，农村供水发展不平衡不充分，区域差异性大，目前全国农村供水保障水平总体仍处于初级阶段，部分农村地区还存在水源不稳定和农村供水保障水平不高等问题。

一是部分地区水源不稳定。据各地调查评价，西北、西南及人口集聚的中部地区还有部分农村供水工程存在水源不稳定的情况，主要体现在水源水量不足、水质不好等方面。此外，随着经济社会发展，部分地区水源保护难度大，水源水质出现动态超标现象。

二是早期供水工程尤其是管网老化严重。部分农村供水工程净化消毒设施设备没有按照要求配齐，导致出现微生物指标超标、水质季节性浑浊等问题。据统计，约 10% 的农村集中供水工程建于 2005 年之前。部分工程已达到使用年限，有的甚至超期服役，供水保障程度不高。部分管网老化严重、漏损率高、冬季易冻损，每年约 5% 的工程需要更新改造。

三是千人以下工程运行维护薄弱。全国千人以下集中供水工程和分散供水工程约 920万处，占工程总数的 98.8%，服务人口占农村总人口的 27%，大都分布在山区、牧区、高寒地区和偏远地区。这些工程水费收入加财政补贴仅能满足简易运行，缺乏专业人才队伍，只能由当地村民管理，出了问题很难得到及时解决。同时，由于这些工程规模小，管理单位、人员和经费落实不到位，工程运行管理较为薄弱。

（二）主要原因

以上这些问题，究其原因可归结为"先天建设不足"和"后天管养不够"两个方面，既有自然因素，也有人为因素。

一是部分水源选择论证不充分。早期建设的部分小型农村供水工程水源可靠性论证不充分，未充分考虑区域水源优化配置，未专门为农村供水工程规划建设骨干水源，大都就近就便选择小型分散水源，造成水源规模小、保证率不高。当来水量减少、地下水位下降后，水源问题凸显。

二是部分工程建设标准低。受设计水平和投资限，部分千人以上供水工程净化消毒设施设备没有按照要求配齐。部分管网选材选型不合理、材质差（如PVC等）、埋深不够、裸露较为普遍，管网漏损率较高。"十三五"期间，没有脱贫攻坚任务的地区，资金投入不足，供水保障水平不高。

三是缺乏运行维护资金。全国约有56万处千吨万人以下集中供水工程，大都分布在山丘区、牧区、高寒地区和偏远地区。这些工程执行水价和水费收缴率不高、管网漏损率较高，这些地区财政往往较为困难，水费收入和地方财政补助资金难以满足工程长效运行的需要。

四、农村供水的特点

（一）工程点分散、工程规模小

农村地区相较于城市而言，居民的数量分布点比较分散，有很多零散的居住户，同时有的地区的地理地形非常复杂，因此在进行农村供水工程建设的时候，许多工程本身的规模比较小，但是数量比较多。

（二）供水工程形式多样

一直以来，供水问题都是影响我国水利事业发展的重要问题之一。经过长期的发展，我国大部分城市的供水都已经形成一个相对固定的模式，而且应用较为广泛。然而农村地区由于经济环境等诸多方面因素的影响，农村供水工程除了一些规模较大的水厂是采用基本水处理工艺以外，另外还构成了一些与农村局势相符的，可以适用农村的集中供水和分散供水工程形式。对于一些定居比较分散的农村地区，不便选用集中供水，则选用集蓄雨水的工程形式。

（三）管理体制和运营方式多样化

千吨万人以上规模的较大水厂多采用企业经营管理方式，也有一部分定性为事业单位，参照企业方式进行管理。这类供水工程管理机构比较健全实行专业化管理，大多数运行维护管理比较规范，行业主管部门比较容易对它们进行监督管理。这部分工程代表了现阶段农村供水管理的最高水平。比较麻烦的是由农村集体组织负责管理的单村、联村供水工程，它们有的委托给个人实行目标责任制管理，有的用承包方式管理，也有采用"竞标"方式，将经营管理权"拍卖"给个人负责管理。这部分供水工程少数管理比较规范，供水服务质量较好，相当一部分管理粗放，在供水水质、水费计收、工程维护等方面达不到相关政策和人技术规程的要求。无论哪种管理方式，几乎都不同程度地存在水价低于供水成本，不能计提或提取很少的固定资产折旧费和大修理费，水费收入不能弥补运行维护支出，长期亏损经营，难以建立具有内生动力的自我维持良性运行机制。

五、黑龙江省农村供水工程现状

据黑龙江省农村供水工程电子台账显示，黑龙江省现有125个县（市、区）中，农村供水共涉及120个县（市、区）（部分县、区无农村人口）、1059个乡镇（含部分有农村人口的街道）、9537个行政村（含部分有农村人口的社区）的35735个自然屯，受益户籍人口1890.68万人（含部分街道和乡镇政府所在地非农村户口人员），常住人口1256.05

万人。

截至 2020 年年底，农村集中供水工程 18558 处，覆盖自然村屯 33386 个，受益集中供水人口 1202.03 万人（常住人口，下同）；分散供水工程（小井）村屯 2349 个，覆盖人口 54.03 万人。全省农村集中供水率 95.7%，自来水普及率 95.3%。其中，62 个县（市、区）集中供水率达到 100%，52 个县（市、区）自来水普及率达到 100%。

（一）按供水规模分析

现有 18558 处农村集中供水工程中，城镇管网延伸工程 89 处，供水人口 73.03 万人，占全省集中供水人口的 6.1%；千吨万人工程 58 处，供水人口 78.66 万人，占全省集中供水人口的 6.5%；千人以上千吨万人以下工程 2770 处，供水人口 533.91 万人，占全省集中供水人口的 44.4%；千人以下工程 15641 处，供水人口 516.43 万人，占全省集中供水人口的 43.0%。

（二）按建设时间分析

现有 18558 处农村集中供水工程中，最后一次改造时间（未改造过的工程的建设时间）在 2005 年以前的有 1657 处，常住人口 127.19 万人（户籍人口 175.04 万人）；在 2005—2010 年期间的有 2342 处，常住人口 136.04 万人（户籍人口 205.92 万人）；在 2011—2015 年期间的有 5020 处，常住人口 344.24 万人（户籍人口 532.92 万人）；在 2016—2020 年期间的有 9539 处，常住人口 594.56 万人（户籍人口 822.66 万人）。

（三）按地区布局分析

现有 18558 处农村集中供水工程中，哈尔滨市农村集中供水工程 4468 处，供水人口 362.42 万人；齐齐哈尔市农村集中供水工程 4342 处，供水人口 154.32 万人；鸡西市农村集中供水工程 853 处，供水人口 41.05 万人；鹤岗市农村集中供水工程 204 处，供水人口 15.73 万人；双鸭山市农村集中供水工程 541 处，供水人口 20.28 万人；大庆市农村集中供水工程 1330 处，供水人口 110.28 万人；伊春市农村集中供水工程 329 处，供水人口 9.28 万人；佳木斯市农村集中供水工程 1292 处，供水人口 70.64 万人；七台河市农村集中供水工程 293 处，供水人口 18.84 万人；牡丹江市农村集中供水工程 1371 处，供水人口 106.88 万人；黑河市农村集中供水工程 797 处，供水人口 29.01 万人；绥化市农村集中供水工程 2621 处，供水人口 258.65 万人；大兴安岭地区农村集中供水工程 117 处，供水人口 4.64 万人。

第二章

农村供水工程管理体制

农村供水工程管理体制是与农村供水有关的机构设置、职权划分、隶属关系、组织制度和工作方式等体系和制度的总称。有时人们又将管理组织的具体工作方式划分出来，称为"管理机制"或"运行机制"。

农村供水工程管理是以水厂为管理对象，围绕水厂管理组织与外部的关系、管理组织机构建设、管理制度、干部职工队伍建设、制水生产过程、用水户服务等开展的各种活动，目的是实现水厂的各项任务目标。

第一节　农村供水工程管理组织形式

组织是社会中特定群体为了共同目标，按照一定规则使相关资源有机组合，并以特定结构运行的结合体。组织可分为许多类型，如政治组织、经济组织、军事组织、行政组织、社会组织、事业组织、宗教组织等。为了使已建成农村供水工程实现既定任务目标，需要采用适宜的组织形式进行科学而有效的管理。归纳各地农村供水工程经常采用的管理组织形式，大致有两大类，分别是企业组织和村民自治管水组织。

一、企业组织

企业是指从事生产、流通、服务等经济活动，实行自主经营、独立核算、自负盈亏、依法设立的经济组织，是现代社会的基本经济单位。农村供水工程是从事具有商品属性的生活生产用水的加工生产，其产品通过供用双方合同协议约定，交换售出满足社会需求、同时获取合理报酬利润，作为选择一种供水生产经营服务实体，无疑应当采用企业组织形式进行经营管理。

企业组织形式主要适用以向企业和机关事业单位提供商品水服务为主、兼有向农村居民提供生活饮用水服务，水价能够补偿全部供水成本并有盈利空间的供水工程。城镇自来水公司供水管网向农村延伸，或供水规模较大的乡镇水厂多采用这种织形式。

（一）企业组织分类

按供水工程资产所有制性质分类，农村供水企业组织可分为国有企业、集体企业、私营企业和混合所有制企业几种。按企业制度形态构成划分，农村供水企业又可分为业主制企业、合伙制企业、公司制企业。

1. 业主制供水企业

业主制供水企业又称个人独资供水企业，它是指个人出资兴办农村供水工程，水厂产权完全归个人所有和控制的企业。这种企业在法律上是自然人，企业不具有法人资格。目前一些地方个人投资兴建、自己直接负责经营管理或通过产权拍卖购买农村自来水厂多属于这种情况。这类水厂组织结构简单、管理队伍精干、经营管理制约因素少、决策速度快，不需要向社会公开账务，税后利润归个人所得，水厂经营管理的成败，理论上完全由个人承担。但实际上，作为涉及当地百姓日常生活饮用水供应的垄断性企业，当企业真正资不抵债，出现关闭风险时，政府不可能完全撒手不管。个人独资企业的缺点是企业主要对水厂的债务负无限责任。由于扩大水厂生产规模受和供水市场往往区域供水总体规划限制，水价又受政府控制，水厂经营能否获利，存在一定风险。此外，水厂的发展常常受到资金和经营管理能力的制约。

2. 合伙制供水企业

合伙制供水企业是由两个或两个以上的业主共同出资，通过签订合伙协议或合伙经营合同共同经营，财产归出资者共同所有的企业。合伙人出资可以是资金或其他财产，也可以是权利、信用或劳务等。合伙企业的合伙人之间是一种契约关系，企业不具备法人的基本条件。这类水厂同样具有私人水厂在经营管理方面的优势，尤其是在筹集资金能力、管理决策、管理能力等方面比个人独资水厂优点更多一些。但是合伙人之间的沟通、协调、配合不一定永远都十分默契，当出现意见不一致，甚至产生隔阂矛盾时，若处理不当，会影响水厂经营管理决策，甚至影响水厂正常生产和经营。水厂经营的风险同样是水价受政府控制，盈利能力不完全取决于经营者的水平，在一定程度上受制于外部环境。

3. 公司制供水企业

公司制供水企业是指依照《中华人民共和国公司法》设立，由多个股东依法集资联合组成一个法人，有独立的注册资产、自负盈亏、享有民事权利、承担民事责任的供水经济实体。公司制供水企业在法律上具有独立的法人资格，更能适应市场经济的需要，是现代企业制度的主要形式。按照公司对外承担债务责任形式的不同，公司又可分为无限责任公司、有限责任公司、两合公司和股份有限公司。供水规模较大、经营管理比较正规的乡镇自来水厂常采用公司制组织形式。

（二）现代企业制度

按照现代企业制度的要求规范乡镇供水公司的发展，是提高乡镇水厂经营管理水平，壮大水厂实力和能力的有效途径。也是采用公司制自来水厂经营管理的主要任务。规模较大的乡镇水厂无疑应按现代企业制度进行经营管理。暂时不具备实行现代企业制度的小型农村供水工程也应当创造条件，逐步正规，向规模化、集约化企业经营方向发展。现代企业制度是指以完善的企业法人制度为基础，以有限责任制度为保证，以公司企业为主要形式，以产权清晰、权责明确、政企分开、管理科学为条件的新型企业制度。其主要内容包括现代企业产权制度、现代企业组织制度和管理制度，其要点如下。

1. 水厂现代企业产权制度

所谓产权，是对财产所拥有的权利。现代企业产权制度是国家为调整与产权有关的经济权利关系所做出的一系列制度性规定。它是以产权为依托，对财产关系进行合理有效的组合、调节的制度安排，具体表现在对财产的占有、支配、使用、收益和处置过程中体现不同利益主体的权利、责任等关系方面的法律规定。

作为一种现代企业产权制度的公司制产权制度，其突出特点是水厂的所有权与经营权分离，水厂的投资者只负有限责任。自来水公司拥有独立的法人财产，由股东投资形成公司资产，权属关系明晰。公司制产权制度以公司的法人财产为基础，以出资者原始所有权、公司法人产权与公司经营权相互分离为特征，并以股东会、董事会、执行机构和监事会作为法人治理结构来确立所有者、公司法人、经营者和职工之间的权力、责任和利益关系。公司制产权制度的另一特征是财产的有限责任制，即股东有限责任——出资者只以其投入企业的出资额为限，对企业债务承担有限责任，还有公司的有限责任——公司以全部法人财产对其债务承担有限责任。

2. 水厂现代企业组织制度

水厂的组织制度是指水厂组织形式的制度安排，它规定着水厂内部的分工和权责分配关系。公司企业法人治理机构实行决策、执行、监督三权分离，三者之间相互制约。

股东大会：是公司的最高权力机构，拥有决定公司经营方针、选举和罢免董事会、监事会成员、修改公司章程、审议和批准公司财务预决算、投资及收益分配等重大事项的权力。股东大会会议由股东按出资比例行使表决权。

董事会：是公司的经营决策机构，它由股东大会选举产生，执行股东大会决议，决定公司的经营计划和投资方案，制定公司预算、决算和利润分配方案，决定公司内部管理机构设置，聘任或解雇经理，根据经理提名聘任或解聘副经理、财务负责人等公司高级职员。董事长由董事会选举产生，一般由其作为公司法人代表，董事会实行集体决策。

监事会：是股东大会领导下的公司监督机构，监事会成员由股东代表和一定比例的职工代表组成，其中股东代表由股东大会选举产生，职工代表由公司职工民主选举产生。监事会依法和依据公司章程对董事会成员、总经理和高级职员行使职权的活动进行监督，检查公司的经营和财务状况，可对董事、经理的任免和奖惩提出建议，提议召开临时股东会及公司章程规定的其他职权。监事列席董事会会议，监事会成员不得兼任公司董事及其他高级管理职务。

经理班子：是由总经理、副总经理和公司高级职员组成的执行机构。总经理负责公司日常生产经营活动，按公司章程和董事会的授权行使职权，总经理对董事会负责，列席董事会会议。

3. 水厂现代企业管理制度

现代企业管理制度包括确立正确的经营理念和经营战略，确定水厂的战略目标，编制并选择战略方案；建立适应水厂特点和生产经营需要的组织机构和管理制度，建立高效的水厂组织机构，科学的管理制度，明确各层次人员的职责，将职能领域的管理行为规范化；有效地使用现代的管理方法和管理手段；广泛吸收和培养适应现代管理的人才；完善水厂信息管理系统，不断采用先进实用制水新技术、新工艺等。

建立水厂现代企业制度的核心是完善水厂企业治理结构。目前，多数乡镇自来水公司无论是明晰产权还是完善公司治理结构、公司管理制度，多比较粗放，距离建立现代企业制度尚有很大差距。

（三）水厂企业文化、道德和社会责任

承担着保障城乡居民饮水安全重要职责的农村供水企业，在实现水厂生产经营目标任务、追求利润最大化的同时，要把现代企业文化、道德和社会责任的培育和建设放到重要位置，给予高度重视。

1. 企业文化

企业文化是企业成员共同的价值和信念体系，在很大程度上决定了企业员工的行为方式，是一个企业在长期的生产经营活动中形成并为全体成员普遍接受和共同践行的理想、价值观念和行为规范的总和。企业文化从结构上分为三个层次，即精神文化、制度文化和物质文化。企业文化的核心是企业精神，它以企业的价值观念为基础，以企业的价值目标为动力，对企业经营哲学、管理制度、道德风尚、团队意识和企业形象起着决定性的作用。企业精神是企业的灵魂。通常用一些能体现水厂特点、既富于哲理又简洁明快的语言表达，如"以人为本""拼搏、进取""一丝不苟，严格管理"等，使干部职工能铭记在心，时刻用于激励自己、提醒自己，也便于对外宣传，在社会上树立个性鲜明的良好企业形象。企业文化的真谛是以人为本。企业文化具有导向、约束、凝聚、激励及协调等多种功能。

2. 企业道德和企业社会责任

企业道德是调整本企业与其他企业之间、企业与用水户之间、企业内部职工之间关系的行为规范的总和。它具有功利性、群体性、实践性、继承性等特征。企业道德建设是企业文化建设的重要组成部分，属于企业文化的高层次范畴。通过强调员工价值、提升员工觉悟、调整员工心理等途径培育企业道德。

企业社会责任是指企业在创造利润、对股东承担法律责任的同时，还要承担对员工、用水户、所在地区和生态环境的责任，包括应当遵守商业道德、生产安全、职业健康、保护劳动者合法权益、节约水资源、节约能源保护环境等。社会责任具体体现在经济责任、法律责任、道德责任和慈善责任等。

个别供水企业为了盈利，以简化净水工艺流程、不严格消毒等偷工减料方式，不择手段地"降低"生产成本，为用水户提供的供水水质达不到国家饮用水卫生标准。还有的水厂将水净化处理过程中含盐或其他有害成分很高的废水随意排放，污染环境。这些做法不仅严重侵害了乡村居民切身利益，污染环境，影响地方经济社会可持续发展，也有违企业道德责任和社会责任，更不利于企业自身的健康持久发展，严格地说，是违法行为。解决这类问题，一方面要靠加强政府主管部门的监督；另一方面要靠广泛宣传，引导水厂加强企业道德和社会责任意识的培育，尤其是对水厂负责人的教育，从根本上提高他们的素质。

3. 供水企业章程案例

章程是企业内部经营管理活动的基本依据。不同类型的企业章程内容应体现各自企业的特点。

二、村集体组织管理

集中式农村供水工程总数中，约有90%的工程供水规模在每日几十到几百立方米，受益范围多局限于一个村或几个村民小组，服务对象主要是农村居民。

这类工程设施的运行维护管理与小型灌溉排水设施等其他农村公共基础设施管理十分类似,历史上一直就实行村民互助合作、自我服务、自我管理。国家有关政策明确规定,灌溉排水及农村供水等小型农村水利设施产权归农村集体组织所有,并负责运行维护管理。受工程规模小和农民对水价承受能力低等条件的局限,这类供水工程很难做到按补偿全成本原则收取水费,更不可能盈利,不具备采用以营利为目的的企业组织形式进行管理的条件。同时也不适合由政府组建事业单位对工程规模太小、数量众多、分散在范围很广的农村地区集中统一管理,如果按事业单位管理,势必增加供水成本。而且,各个村的农民用水习惯、用水数量、收费标准、水费收入与使用,以及农户之间用水矛盾纠纷处理等,政府或政府下属事业单位不可能很清楚,直接插手管理。农村社区内部公共事务管理最好的方法是让农民互助合作自主管理、民主管理,这是由农村公共物品管理的客观规律所决定的。目前管理农村供水工程的农村集体组织有两类:一是村民委员会(简称村委会),二是农民用水户协会。

(一)村民委员会

全国人大常委会2018年12月修订的《中华人民共和国村民委员会组织法》第二条规定:"村民委员会是村民自我管理、自我教育、自我服务的基层群众性自治组织,实行民主选举、民主决策、民主管理、民主监督。村民委员会办理本村的公共事务和公益事业,调解民间纠纷,协助维护社会治安,向人民政府反映村民的意见、要求和提出建议。"

规定中所讲的农村公共事务和公益事业是指那些和村民生产与生活息息相关、关系村民公共利益的事务和事业,主要包括村民集体共同所有、使用塘坝、水井等抗旱水源,灌排沟渠及其附属的桥、闸涵、农村供水、道路、输电线路,以及环境卫生、村学校、幼儿园和养老院等。这些事务事关全体村民的利益,通常不是哪一户或几户可以完成的。如村自来水工程从建设到经营管理,需要村民委员会组织全体村民讨论、协商,取得绝大多数村民的赞同和支持。村民委员会成员是以农民为主体的村民自治组织,具有诉讼主体资格,能成为独立民事主体,这是一种具有中国特色的农村基层民主自治制度。自治组织不是政权机关,也不是政府下属事业单位,其负责人不属于国家公职人员,不经过政府机关任命程序,而是从本村有选举权和被选举权的村民中直接选举产生。村民委员会管理本村集体所有的供水工程,向村民供水,不是"供"与"买"两个主体之间的商品买卖关系,而属于农村内部的村民自我服务。属于正规企事业单位的较大规模,自来水厂向用户提供商品,自来水通常计量节点设在村口,村内管网维护和用水计量收费等仍属于村委会管理的村内公共事务。村内公共服务涉及的补偿成本收费标准及财务收支管理办法由村民代表大会民主协商决定。这种运作机制在我国有悠久历史,已形成正式或非正式的村规民约或习俗。

村民委员会的选举、组织结构、协商议事决策程序等运作管理制度,在《中华人民共和国村民委员会组织法》中都已做了明确规定,应当严格贯彻执行。

(二)农民用水户协会

2002年国务院办公厅转发的《水利工程管理体制改革实施意见》中提出要"积极培育农民用水合作组织","探索建立以各种形式农村用水合作组织为主的管理体制"。2007年国家发展改革委、水利部、卫生部联合下发的《关于加强农村饮水安全工程建设和运行管理工作的通知》中要求，"以政府投资为主兴建的规模较小的供水工程，由工程受益范围内的农民用水户协会负责管理"。根据 2005 年水利部、国家发展改革委、民政部联合发布的《关于加强农民用水户协会建设的意见》，农民用水户协会是包括供水工程小型农田水利工程受益区范围内，经过民主协商、大多数用水户同意而组建的不以营利为目的的民间社团组织，是农民自己的组织，其主体是受益用水户；在协会内部，所有成员地位平等，享有相同的权利、责任和义务；协会的宗旨是互助合作、自主管理、自我服务。

农民用水户协会的职责和任务是建设与管理好自己所负责的供水设施，为全体用水户提供优质服务，保障饮水安全，使供水工程最大限度地持久发挥效益。

农民用水户协会与村民委员会是相似但又有所不同的两种民间组织。首先，农民用水户协会的组建范围不受乡村行政区划限制，可以管理单村供水工程，也可以管理多个村受益的较大供水工程，或者负责管理多个单村工程，甚至可以在镇或跨乡镇的范围内组建，而村民委员会只负责管理本村工程；其次，农民用水户协会属于专门管理农村供水及其他小型农民水利工程的农民自治管水组织，职责任务单一，有利于向专业化管理方向发展，而村民委员会通常同时负责村内多项公共事务和公益事业，职责任务范围要宽得多；最后，按照社团管理办法规定，农民用水户协会必须到当地民政主管部门登记注册，取得社团法人资格。而村民委员会是按照全国人大通过的《中华人民共和国村民委员会组织法》等法律组建的，具备承担独立民事主体资格，不需要在民政部门登记注册。村民委员会和农民用水户协会的相同之处是：它们都属于民间性质的农民自治组织，依照法律规定的程序进行组织，享有法律赋予的民主管理、自主管理农村供水工程的权力，同时要履行法律规定的责任和义务。它们与政府和政府下属水行政主管部门之间不是上下级领导的隶属关系，政府只能通过宣传、培训、动员、说服等方式引导村委会和农民用水户协会贯彻国家法律法规和方针政策要求开展自己的工作，不能用行政命令强迫村委会和农民用水户协会去做村民不同意的事，更不能干涉属于农民自治范围内的事项。当村委会或农民用水户协会遇到困难时，当地政府有义务给予指导、帮助和扶持。同时，村委会或农民用水户协会也有义务和责任贯彻落实国家法律法规、方针政策，依法协助地方政府和有关主管部门开展保障农村饮水安全的相关工作。

农民用水户协会必须通过用水户集体讨论制定自己的章程，建立健全供水工程运行管理服务制度，如工程设施维护管理制度、供水生产管理制度、用水计量和水费计收制度、财务管理制度等。各项制度要切合当地实际条件，有较强的计时性和可操作性，并且都应严格执行，不能只是挂在墙上给别人看，流于形式。

三、典型管理模式

1. 市场化运营管理模式

黑龙江省大庆市肇源县率先推行农村供水工程管理体制改革，制定下发了《肇源县农村饮水安全工程管理体制改革工作实施方案》，以组建国有水务集团有限公司和引进民营企业大庆市大龙供水有限公司为依托，创新管理方式，吸纳民营资本，建立和搭建平台，将全县 16 个乡镇 258 处农村供水工程全部纳入公司化、市场化管理改革范围。建立落实了社会化和企业化运营管理、水费收缴、维修养护、监督监管、考核评价"五项"工作机制，农村供水管理已步入规范化管理轨道。

2. 城乡供水一体化管理模式

黑龙江省佳木斯市抚远市市政供排水公司是供排水专业管理单位，负责城市居民自来水的运营管理。经市政府批准，2017年年底，抚远市将59处农村饮水安全工程全部纳入市政供排水公司统一运行管理。市政府制定了《抚远市农村饮水安全工程运行管理办法》，市财政拨专款用于农村饮水安全工程运行维护，水务局作为行业主管部门履行监管职能。实行统一管理以来，农村供水有保障，群众满意度明显提升，农村供水长效运行机制基本建立。

3. 乡政府统一管理模式

黑龙江省绥化市海伦市委明确了乡镇、部门、供水单位的职责。全市23个乡镇成立饮水安全工作领导小组和饮水安全运行管理服务站，并把饮水安全运行管护工作纳入实绩考核范围。水务局制定出台了《海伦市农村饮水安全工程运行管理绩效考核细则》，从满意度、水质、水源地标准化建设、安全管理、管网管护等方面明确分值进行严格督考。对滤料冲洗、水源地保护、井房室内外卫生等日常管理问题，通过组织由纪委监委、督查室、水务局组成的调查组，进行考核验收、督查通报、会议排名通报等办法强化监管。以乡镇为单位建立饮水安全工作群，组织各村看水员每周上传洗罐视频，每月上传清洗水箱照片，通过网络实现了对滤料清洗工作的全程监管。

管理方式选用原则如下。

（1）有利于提高管理效率控制和降低管理成本，兼顾保障饮水服务和水厂经营管理效率。

（2）层次少，指挥灵活，权责明确。

（3）备用器材、化验室、维修物资等尽量做到共用，设备，有专业技能人员尽量共用。

目前各地管理方式常见问题：①政府与企业权责不清；②不放权，管理不到位、行政人员多效率低；③成立了公司但没有真正投入运行。

第二节　农村供水工程管理组织结构与岗位设置

组织是为了达到某些特定目标，在分工合作及不同层次的权力和责任基础上构成的人的集合，组织的功能主要是合聚和放大，按照管理，学员里常用的组织结构有直线制、职能制、直线职能制，要根据农村供水工程具体情况选用适合的组织结构。

一、设置管理组织机构的依据与原则

管理组织结构是水厂管理体制的重要组成部分。管理组织结构形式取决于水厂规模、制水生产工艺技术复杂程度、信息化、自动监控等先进技术应用情况以及水厂本身生产经营特点。水厂规模越大，制水生产工艺技术越复杂，供水网络越庞大，水厂管理组织结构也就越复杂。组织设计的任务是在植物设计与分析的基础上划分部门，并确定各部门的相应关系，组织设计的实质是将管理工作进行横向分工和纵向分工，横向分工是将管理工作分解或不同岗位和部门的任务，并根据此设置不同的部门。纵向分工是在管理系统中规定各层次管理人员的职责和权限，纵向分工的结果是在权责分配基础上确定管理决策权限的相对集中和分散。

管理组织结构反映出管理组织成员之间的分工协作关系。有一定规模、实行规范化管理的农村供水厂，需要对取水、净水、输配水、销售经营等各项业务活动加以分类组合，划分出不同的管理层次和部门，把开展各类活动所必需的职权授予各层次、各部门的主管人员，并规定它们之间的相互配合关系，从而使管理组织的所有成员都能在各自岗位上为实现管理组织的既定目标有序地开展工作。管理组织机构建设的具体内容包括以下几个方面：一是根据水厂规模任务要求硬件软件条件，设计和建立一套组织机构和职位系统；二是确定职权关系，把管理组织的上下左右各层次、部门、岗位联系起来；三是运用计划、领导、协调、控制等措施使组织机构高效运转；四是根据管理组织外部环境及内部要素变化适时地调整组织机构。

水厂内部组织结构设计原则如下。

（1）有利于统一指挥。组织中的每一个下级只能接受一个上级的指挥，并向这个上级负责，以避免组织中更高级别的主管或其他部门的主管越级指挥或越权发布命令，有利于水厂管理，组织政令统一，高效率地贯彻执行各项决策。

（2）做到责权一致。在赋予每一个职务责任的同时必须赋予这个职务自主完成任务所需的权力，权力的大小应和责任相适应。如果有责无权，无法保证完成所赋予的责任和任务；如果有权无责，会导致滥用权力。

（3）统筹兼顾分工与协作。水厂制水生产和供水销售是一个系统，作为系统组成部分的各部门、车间、班组分别承担各自的工作任务和目标，并采用完成任务的适宜手段和方式。但明确了分工，不能相互脱离、"独立"、"分家"。它们相互之间要有必要的协调和配合，使运行管理单位高效率运转，在进行管理机构设置安排时，要有周密细致设计，做出制度性安排。

（4）机构与人员精简。在保证农村供水工程正常和开展供水活动的前提下，水厂内设机构应当尽量精简，管理层次少，指挥灵便，人员精干，既有利于提高工作效率，又可以节省人员费用和水厂管理费用。

（5）集权与分权相平衡。集权与分权是相对的，它们共同存在于同一个管理系统中。集权是水厂大部分决策权都集中在上层管理者，它有利于保证管理组织总体政策统一性和决策执行的速度，避免各自为政、相互扯皮，但权力过分集中也会产生种种弊端，降低决策质量和水厂对外界环境变化的适应能力，不利于下属人员工作热情和积极主动性发挥。分权，是指决策权分散到较低管理层次的职位上，在一定规模水厂管理单位中，一定程度的分权是必要的，规模较大的水厂管理机构生产和经营管理涉及多个专业领域，生产流程中的多个环节不可能事无巨细都由最高领导者一个人或几个人拿主意，说了算。

二、典型管理组织结构与岗位设置

（一）直线型组织结构

直线型组织结构就是水厂的各生产经营单位从上到下实行垂直领导，不设职能科室，各级主管人员对所属下级拥有直接指挥权。其组织结构示意图如图2-1所示。

直线型组织结构的优点是结构比较简单、权力集中、决策迅速、指挥灵活、责任分明。其缺点是直线指挥与职能管理不分，对厂长的知识和能力要求较高。当厂长因知识能

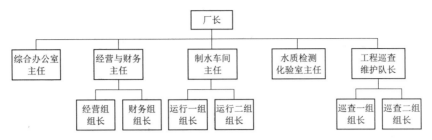

图 2-1 直线型组织结构示意图

力局限而难以胜任时，会出现顾此失彼、力不从心的情况，甚至决策失误，经营管理困难。当供水管网庞杂、组织层次较多时，横向信息沟通困难，各单位之间的配合协调性差。直线型组织结构适用于制水生产工艺技术不太复杂、规模不大的水厂。一些私人水厂常采用这种管理组织结构。

（二）职能型组织结构

职能型组织结构是按水厂各主要职能分工设立职能机构，实行专业化管理，协助水厂厂长从事各种职能管理。各职能机构在自己的业务范围内直接向下级下达指令，指挥下级开展工作。其组织结构示意图如图 2-2 所示。

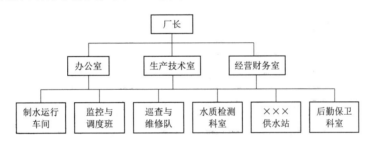

图 2-2 职能型组织结构示意图

职能型组织结构的优点是：管理分工较细，便于专业技能提高，有利于提高水厂现代化管理水平，减轻了上层管理者的具体事务负担，使他们能集中精力做好自己的本职工作。这种组织结构也存在一些缺点，如下级部门负责人除了接受水厂厂长指挥，还要同时接受各职能科室的领导。多头领导不利于统一指挥，容易产生管理混乱，而且也不利于明确划分职责与职权。职能科室之间横向联系弱，职能单一，不利于培养全才的上层管理者。

（三）直线-职能型组织结构

直线-职能型组织结构以直线型组织结构为基础，在水厂主要负责人领导下，设置相应的职能科室，它们扮演着参谋的角色，只对生产经营部门进行业务指导，不直接发号施令。这种组织结构吸收了直线型和职能型两种组织结构的优点，在一定程度上克服了各自的缺点，适合具有一定规模的乡镇自来水厂采用。其结构示意图如图 2-3 所示。

（四）农民用水户协会管理组织结构

管理农村供水工程的农民用水户协会组织结构形式，要根据协会规模和所管理水厂的制水工艺技术复杂程度而定。规模较大的水厂管理组织结构，可参照前三种方式。目前，

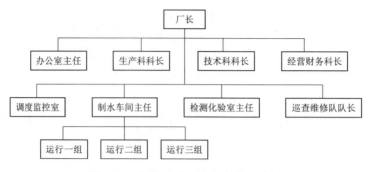

图 2-3 直线-职能型组织结构示意图

我国农民用水户协会管理的供水工程多为村办小水厂，作为村民自治管水、自我服务组织，其组织结构形式不能套用正规企业或事业单位组织结构。协会的所有工作人员几乎都由当地村民承担，他们除了完成供水工程运行管护工作任务外，还要兼顾自己家的种植、养殖等农活。他们的劳动付出带有互助合作、自我服务性质，领取的报酬不是工资，而是误工补助。农民用水户协会组织结构示意图如图 2-4 所示。

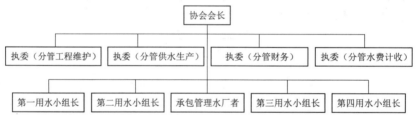

图 2-4 农民用水户协会组织结构示意图

第三节 农村供水工程人力资源管理

农村供水事业发展的快慢，水厂管理成效的高低，在很大程度上取决于农村供水从业人员的素质和能力。农村供水工程管理组织类型多样，企业、事业、农民自治管水组织等同时存在，人力资源管理方式有很大差异，尤其是农村水厂经营者的管理，与专业化的企业或事业单位人员管理办法完全不同。当前农村水厂经营管理最突出的制约因素是经营管理队伍整体素质和能力不高，不能适应水厂经营管理的需求。

一、人员选聘

人员选聘包括招聘和选拔。通过多种方式，把具有一定能力的人选聘到水厂经营管理组织的空缺岗位上来。按照选聘对象的来源，人员选聘有内部选聘和外部招聘两种方式。

（1）内部选聘。这种方法的优点是能为供水管理组织内部现有人员提供变换工作岗位或晋升机会，有助于激发员工工作积极性和管理组织的凝聚力。内部人员对本组织的任务目标、组织结构、运行特点、制水工艺、工程维护和文化理念等有较多了解，有利于被聘后迅速适应新的岗位，开展工作。另外，水厂管理组织在多年工作中对他们的了解和考察比较深入，选聘的准确性比较强。内部选聘的不足之处是：选择面较窄，如果在多个候选人中只能挑选一个，落选者有时会有失落甚至对领导和当选者不满；还有可能造成"近亲繁殖"，不利于注入新鲜血液，迅速形成某一个岗位甚至全部门开拓创新的新局面等。

（2）外部招聘。这种方法的突出优点是能够为水厂管理组织带来新鲜血液，引入新的管理方法或专业技能。外来人员不受水厂管理组织原有复杂人际关系的局限，思想束缚少，为了尽快表现自己的能力和价值，以外来人的旁观视角，容易发现水厂生产和经营管理中的问题，提出创新建议，推动水厂管理组织开拓新的工作局面。外部招聘的不足之处是：招聘考试对人的了解存在局限性，难以深入，有可能选人不准；外来人对水厂经营管理组织内部情况不熟悉，缺乏人际关系基础，需要一定的熟悉过程才能有效开展工作；层次较高的岗位招聘外来人员，可能对内部员工士气造成影响。

二、培训

培训是水厂经营管理组织开发现有人力资源，提高员工素质，以适应水厂管理和供水事业发展要求的基本途径。

（1）培训的方式、原则与要求。培训方式可分为内部培训、外派培训和员工自我培训三种。内部培训又包括新聘人员的岗前培训、岗位培训、转岗培训、部门内部培训等。员工自我培训是员工利用业余时间参加电视大学、函授等途径提高自己素质和能力的培训。按照培训内容，又可分为知识培训、技能培训和素质培训等。培训的原则与要求：一是培训前要确定明确的培训目标。无论是上岗前还是岗位培训，在职职工培训的目标很简单，即使受训者尽快掌握上岗技能，或提高履行岗位职责能力。培训目标必须与员工个人具体工作岗位职责要求相联系，目标设置要合理、适中，太高或太低都会失去培训价值。二是把培训与员工的聘任、晋升、工资福利等挂钩，既是提高员工能力和素质的途径，也是激励员工工作积极性、创造性的手段。三是选择适宜的教材教学方法。针对员工岗位要求和个人特点，选择切合实际的实用培训内容和方法。四是挑选有水厂管理实践经验、熟悉农村供水工程经营管理实际的老师讲课，做到理论联系实际，尽量创造条件为学员提供实习操作机会。

（2）培训方法。常用培训方法有课堂教学法、视听教学法、网络培训法、观摩范例法等。目前多数地方培训方法是老师讲学生听，单向灌输，缺少师生互动交流。在职职工培训与普通大中专学校教育的最大区别之一是前者的学员多具有一定实践经验。因此，现代培训方法强调学员参与，即老师与学员以平等身份互动，通过访谈讨论、提问座谈、案例分析等多种方式，让讲课人的专业知识和接受培训者的实践经验交流，取长补短，共同分享。

三、绩效考核

绩效考核是按照一定的标准，采用科学的方法，对水厂经营管理组织员工的品德、工作业绩、工作态度、业务能力等进行综合的检查和评定。它是人力资源管理中人力资源评价的主要内容之一。一方面是激励员工严格要求自己，履行自己的岗位职责，发挥和提高自己的工作能力，促使班组、车间乃至水厂经营管理组织所有成员齐心协力、团结配合、共同完成水厂任务目标；另一方面通过绩效考核获取的反馈信息，为员工的报酬、晋升、降职、调整岗位、培训、解聘辞退等管理工作提供科学、客观和公正的依据。

绩效考核工作的要点是：收集整理与绩效标准有关的资料，如被考核者平时工作表现记录，与被考核者工作关系密切的同事访谈等；设计考核评价指标体系及相关的测评标准。考核内容包括德、能、勤、绩四个方面，重点考核工作实绩。考核标准应以岗位职责及年度工作任务目标为基本依据。考核指标和标准应明确具体。对不同的专业、岗位，不同的层次、不同职务的员工在业务水平和工作业绩方面应有不同要求；确定各指标在总评分中的权重；根据收集的各方面资料和考核指标评分计算结果，得出定量与定性相结合的综合评价意见。

四、薪酬管理

薪酬是对员工为供水管理组织提供劳动或劳务所得到的报偿，包括工资、奖金、福利、津贴等。工资是相对稳定的报酬部分，也是报酬的主体，通常由基本工资、岗位工资、工龄工资、绩效工资、福利性补贴等组成。薪酬管理一方面起到保障员工基本生活，体现员工自我价值的作用；另一方面是成为构建充满活力的内部竞争机制、稳定岗位结构、吸引和留住人才、激励员工工作积极性的措施，最终达到实现供水管理组织既定目标的目的。目前多数农村供水工程职工薪酬待遇偏低，主要原因是水厂经营绩效不理想，有的长期经营亏损。也有少数水厂存在不重视薪酬管理在吸引人才、稳定员工队伍、激励员工劳动积极等方面作用的情况，以牺牲员工薪酬待遇为代价，维持水厂的运行与经营。这种做法只会造成经营管理上的"恶性循环"。薪酬越差，越招不进能人、留不住人才，水厂经营管理就越差。解决农村供水工程职工工资福利待遇偏低问题，根本办法是改善经营状况、增加经营收入。同时也要转变观念调整思路，把制定合理的薪酬制度作为水厂发展与经营管理战略的重要措施，适应外部环境变化的新形势。

第四节　农村供水工程监督管理

农村供水监督管理是农村供水管理体制的重要组成部分。监督管理，是指农村供水的监管主体通过法律法规、政策、规则、制度等手段对供水生产、经营管理活动及经营管理服务组织进行监测、检查、约束、规范，以保证饮水安全目标的实现和供水经营管理组织活动规范有序、工作制度得到有效执行落实。农村供水监督管理包括：认识进行监督管理的必要性，建立健全监督管理制度，明确监督管理主体、开展监督管理的依据、监管范围、监管秩序、监管者与被监管者—供水经营管理组织各自的权力与责任，监管内容与方式，明确哪些监管内容需要保密、哪些应当公开，对被监管者违反有关法规、政策、规定的处罚、纠正等一系列制度。

2007 年，国家发展改革委、水利部、卫生部在《关于加强农村饮水安全工程建设和运行管理工作的通知》中强调，"加强行业监管和社会监督"，"各级水利部门要依法加强对农村饮水安全工程经营管理者的监督和行业管理，规范经营管理者行为，在确保安全生产和正常供水的基础上，不断提高工程管理水平和服务质量"，"各级卫生部门要加快建立和完善农村饮用水水质监测网络，加强对农村饮水安全工程供水水质的检测、监测，优化检测指标和监测频率，有效评价供水水质"。"各地价格主管部门和水行政主管部门要加强对供水价格的调查核算以及水费征收和使用情况的监督检查。要积极落实水价决策听证制度，依法保障农民及广大用水户对水价制定的知情权、参与权和监督权。经营管理者要自觉接受有关部门的监督检查及用水户和社会的监督"。

一、加强农村供水监督管理的必要性

第一，通过供水工程规划、建设立项、审批等程序，农村供水管理组织已承担了政府赋予的向供水范围内所有用水户提供符合国家饮用水卫生标准的饮用水的任务，如前所述，向村镇居民提供生活饮用水，保障饮水安全属农村准公共物品，属于政府向公民提供基本公共服务的内容之一，因此，供水经营管理组织有义务接受公共管理与公共服务的主体——政府的监督管理，对供水职责授权者——政府负责。

第二，农村供水的水质与服务质量好坏，不仅直接关系水厂供水区用水者的身体健康和生活质量，而且作为预防介水传染疾病、保护村镇公共卫生的重要环节之一，还直接或间接影响附近地区甚至更大范围城乡居民的传染疾病预防与控制。农村供水的这种鲜明公益性决定了它必须接受社会公众的监督。

第三，农村供水工程在所在区域的供水服务具有垄断性，所用水源为公共资源，尤其在水资源稀缺地区，水厂利用稀缺公共资源加工生产具有商品属性、同时又是村镇居民维持生存的基本生活必需品，供水经营管理组织有义务接受政府和社会公众的监督。

第四，绝大多数农村供水工程建设资金来自政府的公共财政，其中一小部分来自用水农户，因此，供水经营管理组织理所当然地要接受工程设施出资人（或产权所有者）——政府及用水户的监督，对出资人（或产权所有者）负责；这一理由同样适用私人投资建设的水厂，水厂经营者一方面要在供水水质、水价等方面接受政府监督管理；另一方面也要接受工程设施出资人的监督。

第五，农村供水工程经营管理者与消费者——水户之间存在信息不对称，水厂经营者可能为了谋取自己的利益有意隐瞒供水水质，供水成本，水费收入与支出等情况，导致不合理的"交易"成本，而使处于信息劣势地位，用水户承担不应有的代价。公平交易市场机制的有效运作，就是将信息不对称带来的负面影响减到尽可能小。从这一点考虑，水厂经营管理者也应当接受政府及社会公众的监督。农村集体组织或农民用水户协会负责管理供水工程，特别需要做到公开透明供水水质、各户用水数量，水费收入与支出等信息，接受所有用水户的监督。

综上所述，加强对农村供水工程和农村供水事业的监督管理，是确保农村供水工程经营管理组织（管理者）履行自己所承担的公共责任的需要，是治理"公益失灵"的需要，是解决供水经营管理者与消费者之间信息不对称、维护用水户合法权益的需要。我国现行有关法律法规和管理办法赋予了与农村供水事业相关的行政主管部门进行监督管理的权力和职责，赋予了用水户知情权、参与权和监督权。

近些年各地有关部门在农民饮水安全工程建设和工程建后管理、加强水价监督管理和供水水质监测等方面做了许多工作，在其他监管方面也进行了有益的尝试，取得了一定的效果。但是总的看，农村供水的监督管理还十分薄弱，主要表现在：一是有关农村供水监督管理的法律法规很不健全；二是在许多地方，由于种种主、客观原因，现有的法规未能得到严格贯彻落实，如相当多的单村、联村水厂供水水质只在工程建成时检测一次，以后就很少，甚至根本不再检测；三是监管主体多元，职责交叉，如水厂偷工减料，供水水质和服务质量低的问题，市场监督管理部门和水利部门谁应负主要监管责任，推脱拖扯皮；

四是社会监督力量薄弱，参与程度低等，农村供水监督管理制度建设还有大量工作有待完成。

二、农村供水监督管理内容

农村供水监督管理包括水厂经营管理组织的准入和退出、供水质量卫生、供水服务质量、供水价格与财务管理等内容。

（一）供水经营管理组织的准入和退出监督管理

农村供水是涉及保障村镇居民日常生活基本需求和身体健康、村镇公共卫生的一个特殊行业，对于从事这个行业的生产经营管理组织，应当有严格的准入条件，如必须取得行业行政主管部门颁发的取水许可证、卫生许可证、工商企业经营登记、事业法人登记、社团法人登记、税务登记等最基本的行政监管许可。城市供水目前用特许经营制度取代过去的资质管理制度，当供水工程服务区域被其他供水工程覆盖或取代，供水经营管理组织要撤销解散时，还需要到有关行业主管部门办理解散注销手续，接受退出监管。私人兴办的水厂，当资不抵债，无法继续经营管理，不得不"破产"时，必须履行并接受退出监管。

目前我国对农村供水经营管理组织的行政监督管理制度还不完善，除了明确作为供水企业性质的自来水公司或水厂必须到市场监督管理部门办理企业登记注册手续外，没有法规明确规定属于事业单位性质和农民自治管水社团组织的农民用水户协会及村委会的这两类供水管理组织进入供水行业的"门槛"，只是在供水工程建设规划和建成后的验收阶级得到过开展农村供水生产和服务的行政批准。例如：无论是营业执照还是卫生许可，都有比较严格的年审制度。由于种种原因，无法通过年审时，说明供水企业经营管理的某个环节出现了问题，必须整改，否则就属于不合法的生产经营管理。对事业或社团供水管理组织在这方面的制度化监管、漏洞，增加了供水安全风险。

（二）供水质量卫生及供水服务质量监督

对供水质量卫生是否符合国家有关标准要求进行监督管理，是农村供水监督管理的核心内容。这方面的工作由卫生部门负责，具体的监测内容指标标准与方法在本书其他章节有介绍。供水水压，尤其是管网尾端的水量以及管网爆裂事故报修等方面的服务质量、保障程度的监督管理由水行政主管部门负责。

农村供水水源保护的监督管理，其具体内容和要求在相关技术标准规范中有明确规定，监管部门涉及水利、环境保护部门。目前这方面的监管尤其薄弱，主观原因是重视程度不够，客观原因是量大面广的小型农村供水水源的水质、水量，影响因素复杂，确实很难监管，监管力量不足，监管技术手段滞后。

（三）农村供水价格监管

对农村供水价格进行有效的监督管理是农村供水监督管理又一项主要任务，它直接关系着经济收入相当于城市居民几分之一的亿万农民的切身利益和农村社会稳定，同时也关系到供水工程及制水生产经营管理组织在经济上能否良性运行、持久发挥效益。农村供水价格的监督管理由物价部门和水行政主管部门共同负责，监管内容包括成本测算/水价审批与水价执行情况，对农村供水来说，供水价格监管方式大致有两类：一是价格主管部门和水行政主管部门综合考虑制水生产成本及农民承受能力后提出指导水价，供村委会或农民用水户协会与村民协商决策时参考；二是物价和水行政主管部门对供水企业或事业组织提出的成本测算及水价建议方案进行审批，并监督执行。

（四）水厂经营管理组织财务和资产监督

对水厂经营管理组织财务收支以及水厂资产情况进行监督管理，是农村供水监督管理的又一主要任务。财务监管内容包括财务制度建立与执行情况、财会人员从业资格、会计凭证、年度会计报告等会计资料的真实、完整情况、会计核算是否符合国家有关制度规定等。对农村供水设施资产状况进行监管也应当属农村供水监管的任务之一。由于许多供水工程产权不够清晰，审批水价中又不包含或只包含一部分固定资产折旧费，使得多数地方农村供水工程设施资产监管实际上处于缺位状况，需要尽快完善这方面的制度。财务监管由财政审计部门负责。资产监管应由工程建设出资者或工程设施产权所有者负责。

（五）农村供水管理组织及人事监管

对农村供水经营管理组织履行职责及经营管理组织负责人遵纪守法、执行国家方针政策和水厂管理制度情况进行监督管理也是农村供水监督管理内容的一个方面，通常由上级业务主管部门、监察纪检、审计部门、企业的监事会、村民代表大会等负责。

三、农村供水监管体系

农村供水同时具有的经济社会基础保障职能和自然垄断性，决定了对它的监督呈现出监督主体多元化的特点，政府、社会、用水户、供水管理组织自身几个方面共同组成了监督管理体系，这一体系由外力监管的他律、行业协会监管的自律和水厂自身的自律三个方面组成。

（一）政府监督管理

政府是唯一具有法律权威对农村供水进行监督管理的主体。行政立法、司法都是政府独有的强制力。

一是完善与农村供水相关的法律法规，技术标准，对水厂经营管理活动进行系统约束。这些也是判断水厂经营管理活动正当性的基本标准，使农村供水行为活动有法可依、有章可循，形成规范、公平、有序、有效的农村供水发展环境。目前，这方面还十分薄弱，缺少专门化针对农村供水的法律规章，如《农村供水管理条例》等，使得许多事情找不到法律依据，有的虽有法律规范规定，但执法监督不到位，停留在纸面或形式上。

二是明确规范各监督主体的责任。农村供水涉及水利、国家发展改革委、卫生等部门虽然从大的方面已经界定了各个部门的权责关系，但财政、市场监督管理、科技、环保、民政等多个部门之间仍存在权责不清的情况，有些规定本身就不够科学、完善、具体。如一些地方的水行政主管部门既负责农村供水工程项目申请立项审批，又负责建设施工，参与验收并以国有资产代表的身份负其下属事业单位——水厂的经营管理，集所有者、经营管理者、监管者多种身份于一身，"既当运动员，又当裁判员"，很难真正做到依据法律、法规和政策公正行使自己的权力。

三是改进和完善农村供水从业和经营认证制度。虽然早在2004年水利部就颁发了《村镇供水单位资质标准》，试图通过对农村供水单位从业资格的认定进行监督，但贯彻执行情况并不理想，事实上大量单村供水工程的经营管理承包者、部分地区私营水厂"业主"都缺乏从业许可和从业人员资格认证监督管理，造成农村供水监督管理方面存在漏洞和"缺位"状况。

四是加强对农村供水、经营管理组织日常运行状况的监管。农村供水工程日常运行的监管包括：水质检测与监测，水费计收标准执行，水费收入与支出、水厂经营管理，财务、资产、财政补助经费使用等，水厂计划目标完成情况、绩效考评等，及时发现偏差或问题，督促水厂经营管理组织采取改进措施。

这里有必要强调指出，对农村供水的监督管理，除了重点放在监督、规制、约束，促使其切实承担起应负的农村公共服务责任，同时也要对在监管中了解发现的水厂生产成本过高、经营管理困难、职工工资福利待遇偏低等情况向有关部门反映，研究解决问题的对策，激发水厂管理组织做好经营管理工作的积极性。

（二）社会监督

作为向村镇居民和当地经济社会发展提供准公共产品服务的特殊行业组织，决定了它必须接受社会的监督与问责。社会监督包括新闻媒体和互联网监督、村委会或农民用水户协会代表参加水价听证，用水户对供水服务与质量的监督等，社会监督是农村供水监管中不可缺少、无可替代的一个方面。

在信息化的时代，随着公民社会的日益发展，越来越多的社会公众对公共事务参与的意识逐步增强，新闻媒体和互联网已成为社会监督最有力、最有效的监督方式，诸如某地饮用水水源遭受污染，某水厂供水水质不合格，制水生产偷工减料、以次充好等情况，新闻媒体披露或互联网上传播，形成很大的社会舆论压力，促使水厂采取措施，改善供水质量，同时也督促政府改善监管不力的状况，甚至失职、渎职行为，最终起到提升保障饮水安全水平的效果。

为了更好地发挥新闻媒体和互联网对农村供水的监督作用，新闻媒体和互联网也要加强自身的制度建设，规范监督行为，正确把握正面宣传与舆论监督的关系，提高新闻工作者自身的素质和能力，严守职业道德，努力学习有关方针政策，了解有关专业知识，尽量使信息来源和报道客观、真实。

用水户作为供水的消费者，在支付水费时又与供水工程经营管理组织形成了事实上的服务契约合同关系。无疑有权对农村供水管理组织提供的服务质量进行监督。但分散的单个用水户受信息、监测技术手段、个人影响力等方面的局限，监督作用效果往往有限。通过代表用水户集体利益，反映广大用水户意见呼声的村民委员会或农民用水户协会组织，选出有一定管理经验，公众拥戴的代表参与农村供水监督，如水价听证、了解供水生产成本构成、水费收入支出、供水与用水数量等、供水经营管理组织的经营状况等进行监督，成为农村供水监督机制的重要力量。目前我国在这方面的工作还十分薄弱，缺乏操作性较强的政策和制度，从政府到供水管理组织，再到农民自治管水组织、用水户，都缺乏让公众进行监督的意识，更缺少成功的案例和经验。

（三）完善农村供水管理组织自律机制

如果供水经营管理组织缺乏对社会公共利益负责的意识和自觉性，从业人员道德修养不高，仅仅依靠外部力量对农村供水进行监督还是不够的。必须建立适应健全农村供水管理组织的自律机制，包括第三方评估制度、以行业协会为主要形式的行业自律和供水管理组织内部的自我约束。

（1）第三评估制度，是指独立于政府、供水管理组织之外的咨询评估机构，受委托对全国、区域农村供水事业发展状况或具体的某一个供水工程经营管理组织的经营状况、资金、人力、水资源等资源利用效能，经营绩效、管理水平和服务质量、用水户满意度等进行客观评估。第三方评估具有超越农村供水相关利益方，容易做到客观公正评估、起到监督作用的优点。在我国，这种做法刚刚起步，如前些年有关部门委托中国国际工程咨询公司对农村饮水安全工程建设情况进行的咨询评估。但目前这方面的政策和制度都不完善，开展得也很不普遍，效果有待提高。

（2）通过农村供水行业协会对农村供水经营管理组织进行监督，是在供水行业内部建立监督制约机制的一种有效途径。它可以弥补政府监督管理能力的不足、降低监督成本。通过行业协会对会员单位进行监督，在有些情况下，比政府监管可能更灵活、更有效。

我国农村供水行业协会发育较晚，力量有限，在对会员单位经营管理行为和活动方面进行监管还缺乏经验，也缺乏完善的制度。城市供水行业协会协助政府对会员单位进行监督的成功经验值得学习借鉴。未来我国农村供水行业协会在监督会员单位方面可以有更大的发展空间。

（3）加强农村供水经营管理组织成员自律。在完善农村供水管理组织架构和运行管理制度、规范供水管理组织和成员行为的同时，通过思想教育、行为习惯养成等多种途径，不断提高农村供水经营管理组织员工的道德修养，提高对供水管理组织所承担社会公共责任的理解与认同，增强执行规章制度，约束自己的行为，接受监督的自觉性，这种自律既是外部力量监督的基础，同时也成为农村供水监督管理的组成部分。

第五节　农村供水工程规范化服务管理

农村供水工程应按照设施良好、管理规范、供水达标、水价合理、运行可靠、用户满意这五个方面实施规范化服务管理。

一、设施良好

水源水量充沛，水质优良，水源保证率 95％ 以上；水厂布局合理，净水工艺与水源水质相适宜，输配水管道与调节构筑物、机电设备、计量设施、管理用房等设施齐全、完好。

二、管理规范

管理机构健全，具有独立法人资格；岗位设置合理，关键岗位人员（水质净化、水质检测和水厂负责人）技术和管理技能符合水厂运行管理要求，经培训合格后上岗；规章制度健全，建立生产运行、水质检测、维护保养、计量收费、安全生产等制度。

三、供水达标

依法划定饮用水水源保护区或保护范围，设置标志牌；供水入户，水量达标，每天 24h 不间断供水；规范开展出厂水日常检测；供水水质符合《生活饮用水卫生标准》（GB 5749—2022）要求，供水质量达标率 95％ 以上。

四、水价合理

水价制度健全可行，优先考虑实行"两部制"水价和阶梯式水价的水厂；执行水价达到成本水价，执行水价未达到成本水价的，已落实财政补贴且能够保证工程良性运行；用户用水计量设施完善，实行计量收费，水费收缴率达95％以上。

五、运行可靠

供水质量、水量、水压等指标符合规范和相关标准要求，管网漏损率低；落实工程维修养护经费，按规范要求开展供水设施设备日常保养、管网维修养护；建立维修养护队伍，储备维修养护物资；制定应急供水预案。

六、用户满意

公布水厂服务电话和责任人，出现供水问题能及时维修抢修，供水服务到位；用水户对供水水量、质量、水价和服务等满意，满意度达到95％以上。

第三章

水 质 检 测

第一节 基 本 要 求

为了保证饮用水安全，需及时、准确掌握水质检验与监测资料，以便了解情况，采取恰当措施。农村供水工程供水，应经检验证明水质符合国家有关标准保证安全时，才可向用户供水。

一、水质检验方法

理化和微生物检验方法是水质检验的基础。其方法大致有以下四种。

（1）水质感观检验法。利用人体上感观，对水质的外观、颜色、气味、滋味、可见物等进行检验判断的方法，这是水质检验中最简单、实用的一种方法。

（2）水质的物理检验法。利用物理仪表测定水的温度、比重、折光率、透明度等。

（3）水质的化学检验方法。利用定性分析和定量分析，测定水中是否含有某些化学物质以及含量多少。在经常性水质监测中，水质化学检验法是应用范围比较广的一种方法。

（4）水质的微生物检验法。对水中的细菌、病毒进行检验的一种方法。

此外，在日常工作中，常以水质检验项目的多少又分水质的全项分析（也称为水质的全分析）和水质的常规分析。前者是指对国家生活饮用水卫生标准规定的所有项目进行检验分析；后者是根据工程水质经常要了解的水质情况所确定的检验项目进行分析。常规分析的项目一般指浑浊度、pH值、硬度、余氯、菌落总数和总大肠菌群等。还有些工程水源因地质原因或受到环境污染，可根据情况选择检验项目。

二、水质检验数字的处理

根据《生活饮用水卫生标准》（GB 5749—2022）的要求，水质检验各项目大多数取小数点后一位有效数字，部分项目取两位甚至三位数字。为了使农村水厂检验的数据能和国家卫生标准进行比较，也必须取相应的数字位数。

三、水质检验报告

水质检验记录和报告单对于农村供水工程运行管理来说是一项科学性和实用性很强的工作，每次进行水质检验时，都必须随时做好记录。记录项目应包括：采样时间、地点、水源和水厂运行状况、水样编号；检验时间、结果、评价、检验人签字。

在检验记录的基础上，要填写好水质检验报告单。现行的水质检验报告单一般分为两种类型：一种是按《生活饮用水卫生标准》（GB 5749—2022）做水质43项常规指标检验报告；另一种是水质针对性分析，按要求项目进行。在填写水质报告单时，要写明检样名称，各项检验结果，每项结果单位、水质评价和建议，最后要注明检验时间、检验人或报告人，主管领导审查签字。其中水质评价和建议项，不应遗漏。通过水质检验与《生活饮用水卫生标准》（GB 5749—2022）比较评价，提出建议，作为自来水厂制定改进措施，保证安全供水的依据。

四、化验室管理

水质工作是科学技术性很强的工作。为了保证正常工作以及检验数据的可靠性，必须建立健全各项规章制度，设专人管理。

（一）基本要求

一个良好的实验室除了配备必要的检测器皿设施，必须有一套完善的管理制度，如果管理混乱，必将严重影响分析数据的质量。实验室管理制度应涵盖从采样到报告结果编写的全过程，任何一个方面的疏忽都有可能导致错误的发生。

操作人员应注意人身安全和水厂财产设施的使用与完好。在使用电器设备、高压气体、化学试剂及接触细菌、病毒时，必须严格按照规程与规章制度要求操作，避免事故的发生。操作人员应该了解各种仪器和使用的化学试剂的性质，意外情况发生时的应急处置措施。小型化验室基本要求如下。

（1）实验室应配备防护装备，如防护手套、口罩、防护镜及急救药品等。

（2）实验室应配备防火设备并保证其安全有效。

（3）实验室应具有良好的通风条件，避免有毒有害物质聚集，危害操作人员的身体健康。

（4）实验室应制定针对剧毒化学试剂的保管和领用制度，做好双人双锁管理，建立化学试剂使用情况登记本。

（5）实验用试剂应确保在有效期内使用，不稳定试剂需现用现配。

（6）实验用仪器、量具等与检验数据直接相关的设备，应按照要求进行定期检定和校准，并做好记录。

（7）实验室内禁止饮食，实验使用各种化学试剂均不得入口，实验结束后仔细洗手。

（8）操作人员配制标准色列时，应使用的成套的比色管，各管内径与分度高低应该一致，必要时应对体积进行校正。

（9）操作人员使用浓碱或其他强腐蚀试剂时要谨慎小心，防止溅在皮肤、衣服、鞋袜上，用 HNO_3、H_2SO_4、氨水等试剂时，要在通风柜内进行。

（10）操作人员使用剧毒药品时，要特别小心，不得误入口内或接触伤口。

（11）操作人员使用 CCl_4、$CHCl_3$、丙酮等有毒或易燃的有机溶剂时，一定要远离火焰及其他热源，敞口操作并有挥发时，应在通风柜内进行，用后盖紧瓶塞，置阴凉处存放。

（12）用过的废液废物应集中收集处理，废液不可倾倒入水槽中。

（13）应爱护仪器设备，定期检查是否漏电、操作时应严格遵守操作规程。

（14）离开实验室时，应认真检查电闸、水阀等，关闭好门窗。

（二）仪器设备管理

在化验室里，凡仪器设备都要设专人负责保管和维修，使其经常处在完好的工作状态。对于精密的稍大型的仪器设备，如精密天平、气相色谱、原子吸收分光光度计等，都要设专门房间，要防震、防晒、防潮、防腐蚀、防灰尘。在使用仪器设备时应按说明书进行操作，无关人员不得随意操作。要建立使用登记制度，以加强责任制。对于各种玻璃仪器，每次用后必须洗刷干净，放在仪器架（橱）中，保持洁净和干燥，以备再用。

（三）化学药品的储存和管理

化验室的化学药品，必须专人保管，特别是有毒、易燃、易爆药品，保存不当，容易发生事故或变质失效。因此，保管药品的人员，必须具有专业知识和高度的责任心。药品的储藏和试剂的保存，要避免阳光照射，室内要干燥、通风。室温在 15～20℃，严防明火。要建立药品试剂发放、领取、使用制度。

（四）化验室的卫生管理

（1）保持化验室的公共卫生化验室是进行水质检验、获得科学数据的地方。因此，必须保证有一个卫生整洁的环境。室内要设置废液缸和废物篓，不准乱倒废液、乱扔废物。强酸、强碱性废液必须先稀释后倒入下水道，再放水冲走。室内对暂时不用或用完的物品、仪器，一定要及时整齐地放回原处。地面保持清洁，应定期刷洗或冲洗。

（2）讲究个人卫生。工作人员在化验室内，要穿白色工作服、戴白色工作帽，切忌穿杂色的工作服。工作前要洗手，防止检验工作中的交叉污染。工作台面和仪器要保持洁净。工作后或饭前要洗手，防止工作中药品污染，造成危害。

（五）化验室的安全要求

（1）所用药品、标样、溶液、试剂等都要有瓶签，要标明名称、数量、浓度等主要项目；瓶签与内容物必须相符。

（2）凡剧毒药品或溶液、试剂要设专人专柜严加保管。

（3）使用易挥发性溶液、试剂，一定要在通风橱中或通风地方进行操作。

（4）严禁在明火处使用易燃有机溶剂。

（5）稀释硫酸时，应仔细缓慢地将硫酸加入水中，绝不可将水加到硫酸中。

（6）在使用吸管吸取酸碱和有毒溶液时，不可用嘴直接吸取，必须用橡皮球吸取。

（7）化验室要建立安全制度，下班前注意检查水、电、煤气和门窗是否关闭。做每项水质检验时，操作前一定要很好地熟悉本项检验的原理、试剂、操作步骤、注意事项。要仔细检查仪器是否完好、安装是否妥当。操作中，一定按要求、步骤谨慎地进行。检验结束后，应进行安全检查，一切电、水和热源是否关闭。

（六）检测记录保存

实验室应有专用的检验记录及表格作为原始记录，检验人员应及时、真实记录所有的检测数据，并做到字迹清晰、内容完整，切不可临时记在小纸条上，事后补抄。以下为检验记录的一般要求。

（1）记录检验项目名称。

（2）记录样品名称。

（3）记录采样时间和测定时间。

（4）记录采用的方法名称，如操作过程中出现特殊情况，应特别加以注明，并记录产生原因和处理办法等。

（5）采用容量法时应记录标准溶液浓度、消耗体积等重要参数，操作过程中如对样品进行稀释，应注明操作过程和稀释倍数，并计算出样品浓度；采用光度法等仪器方法时应记录标准系列浓度、标准和样品溶液的测定吸光值（或峰高、峰面积等）、稀释倍数等参数，并计算出标准曲线、相关系数和样品浓度等。

应做好样品原始记录的保存工作，建立相关的档案，归档管理，为日后的工作提供必要的参考。

五、水样的采集与保存

采集水样前必须将采样瓶洗刷干净，采样时，应先用水样水冲洗水样瓶 2～3 次，然后收集水样于瓶中，水面应距离瓶塞 2cm，以备在检验前充分摇动混匀。出厂水和管网末梢水应在水厂正常运行过程中采集，不能采集刚开机或停机时的水。采集末梢水时，应将水龙头打开放水 1min 后采集。如果采集供检验细菌用的水样，水样瓶必须进行消毒，并在无菌操作下进行。

水样采后应编号，并做好记录，其内容包括工程名称、水源名称、采样地点、水样类别、采样时间、水温、水源卫生状况等。采样后应迅速将样品送化验室进行检验，不能延误，以防水中有些成分，如 pH 值、浑浊度以及耗氧量、氨氮、细菌等发生改变。

第二节　原水水质检测

一、指标选择

监测指标的确定应能反映该水体水质的全面情况，能说明该水源水作为饮用水水源存在的问题，有害物质的种类和浓度，必要时还需说明这些污染物的性质和来源。在考虑监测指标时，还要注意集水区的环境污染资料以及供水区的水性疾病（主要是肠道传染病和水源性地方病）资料。

（一）主要指标

主要指标是指说明水源水性质的最重要指标。主要指标选择需根据实际存在问题，例如，该地如果流行水源型地方性氟中毒病，则应将氟化物列为主要监测指标；对于大多数地区，反映水性传染病的总大肠菌群需列为主要指标之中。

（二）基本指标

基本指标是反映水体基本情况的指标，包括水温、pH 值、浑浊度、氨氮、硝酸盐＋亚硝酸盐、耗氧量、色、臭、总硬度、总碱度、硫酸盐、氯化物、铁、锰等，同时还应包括当地存在的实际问题的有关指标。

（三）选择性指标

多种污染物在饮用水水源中呈现局部或地区性分布，这类指标应根据实际情况选择。例如，铁、锰、氟化物、砷、铬、铅、铜、锌、汞、镉、硒、其他金属、溶解性总固体、阴离子洗涤剂、挥发酚类化合物、氰化物、多环芳烃、农药、贾第鞭毛虫、隐孢子虫等。

（四）其他指标

饮用水水源水质监测中可能会选用非饮用水卫生标准中的指标，这些指标可能反映水质污染程度，或者用作水质控制指标。例如，生化需氧量、化学需氧量、溶解氧、总磷、总氮、叶绿素、优势藻浓度、电导率等。

二、水质监测点的选择与监测频率

（一）监测点的选择

水源水是指集中式供水水源地的原水。水源水的水质监测点应选择在水源取水口处，应能反映水源水的实际水质性状。如果要掌握水源水中污染物的来源、种类和浓度的变化，还应在上游主要污染源前后，主要支流前后布置水质监测点，同时还应根据实际情况需要，调整监测点的安排。

（二）监测频率

监测水样测定值的可信程度取决于该指标测定值的变异性和所采水样数目。可信度与样品数的平方成正比。在实际工作中，监测工作初期缺乏经验和参考资料，应增加监测采样的次数，积累一定经验、监测数据并掌握变化规律后，可适当减少监测采样频率。

1. 常规情况

监测工作初期，如果缺乏确定监测频率的资料时，可参照表3-1所列参数采集水质监测样本，监测数据应及时收集并建立水源水的水质资料数据库。

表3-1　　　　　　　　　　　　水源水监测参考频率

水源水类型	监测频率	积累一定经验和资料后
河流	两周一次	1～3个月一次
湖泊、水库	两月一次	3～6个月一次
地下水	三月一次	6～12个月一次

2. 特殊情况

应注意水源水质与环境条件的关系，观察温度、季节、天气变化、潮汐等环境因素对水质的影响。监测工作初期可在相应环境条件发生变化时适当增加监测频率，积累监测数据和资料，摸索不同情况下适宜的监测频率，总结监测工作经验。除此之外，在特殊情况发生时，如遇到暴雨、人为污染等可能引起水质变化的情况时也应增加监测频率，动态监测水质变化情况。水源水质出现异常或污染物超过有关标准规定时，应及时采取措施并报告有关主管部门。

第三节　出厂水、管网末梢水水质检测

一、指标选择

出水厂作为成品水供居民饮用，应全面符合《生活饮用水卫生标准》（GB 5749—2022）的规定。出厂水水质监测工作应能及时发现出厂水可能存在的质量问题，保证居民饮用安全。

（一）出厂水控制指标

出厂水控制指标应选择出厂水水质关键指标以及可能存在疑问的指标。表 3 - 2 所列为不同规模水厂可供选择的出厂水控制指标，这些指标应根据实际情况酌情调整。

表 3 - 2 不同规模水厂出厂水控制指标选择

水厂供水规模/（m³/d）	控制指标选择
<100	消毒剂余量、浑浊度、臭和味、总大肠菌群
100～1000	消毒剂余量、浑浊度、臭和味、pH 值、总大肠菌群
1000 以上	消毒剂余量、浑浊度、臭和味、pH 值、消毒副产物代表、总大肠菌群

注 总大肠菌群检验所需时间长，带括号的表示条件有困难的可以不选用。

（二）主要指标

主要指标是指能反映出厂水质量的基本情况和主要质量问题的指标。指标选择需考虑以下方面。

（1）从《生活饮用水卫生标准》（GB 5749—2022）表 1 水质常规指标及限值中选择与本水厂厂水实际相符的指标。

（2）消毒剂及消毒副产物指标应与本水厂所选用的消毒剂一致。

（3）本水厂出厂水中如存在《生活饮用水卫生标准》（GB 5749—2022）表 3 水质非常规指标及限值中的指标也应选用。例如发现本水厂出厂水中存在贾第鞭毛虫或隐孢子虫，或者存在某种农药，则应将这些指标纳入主要监测指标之中。

（三）全面指标

定期对出厂水水质进行全面检查可以掌握出厂水质量的全面情况以及污染物的变化趋势。全面指标选择时需考虑以下因素。

（1）以《生活饮用水卫生标准》（GB 5749—2022）表 1～表 3 所列的指标为基础，筛除在水源水监测时没有检出的污染物指标以及与本出厂水不相关联的指标项目。

（2）如果发现本水厂出厂水中存在《生活饮用水卫生标准》（GB 5749—2022）附录 A 表 A.1 生活饮用水水质参考指标及限值中相关指标，而且具备检测条件者，也应纳入监测指标中。

二、水质监测点的选择与监测频率

（一）监测点的选择

出厂水的水质监测点应选择在出厂后且进入输水管道之前处。管网末梢水的监测点应有一定代表性，布局科学合理，尽量做到均匀分布。能说明供水区水质的总体情况，重点选择最可能出现水质问题的区域，如供水区最远端，输配水管网盲端。一般应在居民用水点采集水样。

（二）监测频率

日供水量 1000t 以上或者供水人口 1 万人以上的农村供水工程，应当按规定设立水质化验室，配备与供水规模和水质检验要求相适应的人员和设备，并按表 3 - 3 对出厂水进行日常水质检验。

表 3-3　　　　　　　　　　出厂水水质检测项目及频率

检 测 项 目	农村供水工程类型		
	Ⅰ 型	Ⅱ 型	Ⅲ 型
感官性状指标、pH 值	每日 1 次	每日 1 次	每日 1 次
微生物指标	每日 1 次	每日 1 次	每日 1 次
消毒剂指标	每日 1 次	每日 1 次	每日 1 次
特殊检测项目	每日 1 次	每日 1 次	每日 1 次
常规指标＋风险指标	每季 1 次	每年 2 次	每年 2 次

注　1. 感官性状指标：包括浑浊度、肉眼可见物、色度、嗅和味。

2. 微生物指标：主要包括菌落总数、总大肠菌群等。

3. 消毒剂指标：根据不同的供水工程消毒方法，为相应消毒控制指标。

4. 特殊检测项目：指水源水中氟化物、砷、铁、锰、溶解性总固体、COD_{Mn} 或硝酸盐等超标且有净化要求的项目。

5. 常规指标＋风险指标每年检测 2 次时，为丰、枯水期各 1 次；每年 1 次时，为枯水期或按有关规定进行。

6. 当水源或水处理工艺改变时开展全分析检测。

7. 水质变化较大时根据需要适当增加检测项目和检测频率。

　　不具备自检能力的日供水量 1000t 以下或者供水人口 1 万人以下的农村供水工程，应当每年至少委托检测出厂水、末梢水一次。

第四章

水源与水源地管理

农村供水工程中水源管理的任务是合理地选择、利用、管理保护好供水水源。为达此目的，首先要了解水源的分类、形成、水量平衡、水中的杂质及卫生特征的内容，以便采取有效措施，管好、用好、保护好供水水源。

第一节　水源水量管理

水源的水量管理，主要是指管理人员对取水水源提供给水厂的水量变化情况按时进行巡查监测以及为保障水量供给所采取的技术管理措施。农村供水工程，尤其是单村、联村小水厂，水源管理的各项内容与要求可根据自己的具体条件，适当简化。

一、地下水

当农村地区缺乏适合作为生活饮用水的地表水源，又有开采地下水的水文地质条件时，以地下水作为农村供水工程水源就成为最佳选择。地下水水量，尤其是中层、深层地下水的水量相对比较稳定。农村供水工程管理人员应每日观测记录水厂的取水量，每月观测水源井的静水位、动水位，当水位、含砂量出现异常时，应及时查找原因。了解水井邻近地区地下水位的变化，其他水井的出水情况。如果属于较大范围地下水持续下降，影响水源井出水量时，应及时采取跨区域调水或补打新井，增加取水量，同时建议当地水行政主管部门调整水厂所在区域的水资源合理配置，优先保证村镇居民生活饮用水。位于河湖滩地，地下水补给与河水有联系的取水井应注意分析井水位下降与河水补给来源的关系，并采取增加河水补给的措施。

以泉水为水厂水源的，管理人员应经常观察泉水出水流量的变化，配合水行政主管部门做好泉水源头地区的水源涵养保护和水土保持工作。

二、地表水

地表水位可采用设立水位标尺的办法进行观测，认真观察和记录取水口附近河流的流量与水位变化情况。每日一次，洪水期间适当增加观测次数。防汛期间及时了解上游水文变化和洪水情况。

第二节　水源水质管理

生活饮用水水源的卫生防护应符合现行《饮用水水源保护区污染防治管理规定》、《饮用水水源保护区划分技术规范》（HJ 338—2018）等要求。管理人员应了解并熟悉水源卫生防护区的划定范围，加强日常巡查，发现异常及时汇报，采取应对措施。

（一）地下水源的卫生防护要求

（1）取水构筑物的卫生防护范围，应根据水文地质条件、取水构筑物的形式和附近地区的卫生状况确定。其防护措施与地表水水源水厂生产区的要求相同。

（2）在井的影响半径范围内，不得使用工业废水或生活污水灌溉农作物，不得施用持久性或剧毒性农药，不得修建渗水厕所、渗水坑、堆放垃圾废渣或铺设污水管道，并不得从事破坏深层土壤的活动。

资料缺乏时，可将水源井的周围 30～50m 划定为保护区。

雨季应及时疏导地表积水，防止积水入渗或漫流至水源井内。

（二）地表水源的卫生防护要求

（1）取水点周围半径 100m 水域内，严禁捕捞、停靠船只、游泳和从事其他可能污染水源的任何活动，应设立明显的范围标志和严禁事项的告示牌。

（2）河流型水源取水点上游 1000m 至下游 100m 的水域、沿岸 50m 陆域内，不得排入工业废水和生活污水；其沿岸防护范围内，不得堆放废渣，不得设立有害化学物品仓库、堆栈或装卸垃圾、粪便和有毒物品的码头，不得使用工业废水和生活污水灌溉农田及施用有持续性或剧毒性的农药，不得从事放养畜禽等活动，严格控制网箱养殖活动。

作为生活饮用水水源的水库、湖泊和塘坝，应视具体情况，将取水点周围 500m 部分水域或整个水域及沿岸陆域 200m 划为卫生防护带，其防护措施按上述要求执行。

（3）农村供水工程生产区或单独设立的泵房、沉淀池、清水池、高位水池外围 10m 的范围内，不得设置生活居住区和修建畜禽饲养场、渗水厕所、渗水坑，不得堆放垃圾、粪便、废渣或铺设污水管道，保持良好的卫生状况和绿化，并应设立明显的标志。

（4）以河流为水源的农村供水工程，可根据实际需要，由当地政府有关部门，把上游 1000m 以外的河段划定为水源保护区，严格控制污染物排放量。排放污水时，应符合《污水综合排放标准》（GB 8978—1996）、《城镇污水处理厂污染物排放标准》（GB 18918—2002）和《地表水环境质量标准》（GB 3838—2002）的有关要求，以保证取水点的水质符合生活饮用水水源水质要求。

（三）饮用水水源突发事件的应急处置

自然界，如特大干旱造成水源枯竭，地震、山洪、泥石流等灾害，人为的如有毒物质泄漏事故造成水源污染等，都可能对正常的安全供水造成威胁，各农村供水工程应有水源突发事故的应急预案。有条件的水厂应有备用水源地，参照生活饮用水水源管理的要求进行管理。

发生突发事故，原有水源不能使用，不得不临时寻找适合的生活饮用水时，可采用简易鉴别方法判断水源水质，具体方法见表 4-1。

表 4 – 1　　　　　　　　　　　　　水源水质简易鉴别方法

观察内容	操 作 方 法	鉴 别
观色	用干净无色透明玻璃瓶，装满水样在光线较强处肉眼观察	肉眼看见的物质越少，水越清洁。观色时，如有轻微乳白色，可能为化学污染，浅绿、黄色可能为生物污染
嗅味	用干净玻璃瓶，装半瓶水样，盖严摇荡后，打开瓶盖，立即嗅一下有无气味；再把瓶放在热水中加温至 60℃，再嗅一下有无气味	清洁水应无异味。嗅味时，如有异味，不能饮用
尝味	在常温下把水加热至 60℃，取少量水于口中尝味	清洁水应无异味。尝味时，如有酸、甜、苦、辣、麻、涩、咸味，不能饮用
沉淀	用无色透明玻璃瓶装入水样，静置 12h 后，观察瓶底沉淀物的多少，然后将上面的清洁水倒出来煮沸放冷，再观察沉淀物的多少	沉淀物越少，水质越好
试纸	用一张清洁的白纸，滴上水样，待干后，观察它留下的斑迹	斑迹越明显，水质越差

第三节　水源地保护

一、饮用水水源保护区划分

（一）概述

　　饮用水水源保护区是国家为保护水源洁净而划定的加以特殊保护、防止污染和破坏的一定区域。设立饮用水水源地保护区，是保护饮用水水源地最大可能免受人类活动影响、保证水质安全的重要措施。

　　饮用水水源保护区分为地表水饮用水水源保护区和地下水饮用水水源保护区，地表水饮用水水源保护区包括一定面积的水域和陆域，地下水饮用水水源保护区指地下水饮用水水源地的地表区域。根据水源地环境特征和水源地的重要性，地表水饮用水水源保护区分为一级保护区和二级保护区，必要时也可在二级保护区范围外设置准保护区。地下水水源保护区是指地下水水源地的地表分区，分为一级保护区和二级保护区，必要时也可在二级保护区范围外设置准保护区，准保护区范围为地下水水源的补给、径流区（承压含水层单指补给区）。

　　饮用水水源保护区的划分方法主要有两种：直接给出保护区范围值（经验值法）和利用模型计算划定范围（数学模拟法）。经验值法制定简单，操作方便，但理论依据不充分，人为因素较大。我国已有饮用水水源保护区的划分大都采用此类方法。数学模拟法即根据水源地的水文、地质、污染等条件，对其建立数学模型，利用实验数据，按照不同保护区水质要求确定各级保护区的范围。数学模拟法有一定的理论基础，但实地操作较复杂，且涉及的参数较难得到。针对农村饮用水水源的特点，本书主要介绍如何运用经验值法确定水源保护区范围。

（二）饮用水水源保护区划分依据和原则

　　饮用水水源保护区应根据水源所处的地理位置、地形地貌、水文地质条件、供水量、开采方式和污染源分布，结合当地标志性或永久性建筑，按照《饮用水水源保护区划分技术规范》（HJ 338—2018）或地方条例、标准规定进行划定。

1. 划分依据

（1）法律法规。法律法规有：《中华人民共和国水法》第三十三条和第三十四条；《中华人民共和国水污染防治法》第十二条和第二十条；《中华人民共和国水污染防治法实施细则》第二十条至第二十三条；《饮用水水源保护区污染防治管理规定》第三条、第四条和第六条等。

（2）水质标准。保护水源地功能，执行的水质标准主要是环境标准，主要标准包括《地表水环境质量标准》（GB 3838—2002）、《地下水质量标准》（GB /T 14848—2017）、《生活饮用水卫生标准》（GB 5749—2022）等。

2. 划分原则

饮用水水源保护区的划分应考虑水源地位置、水文、气象、地质条件、水动力特征，水域污染类型、污染特性、污染物特性、污染源分布、排水区分布，水源规模、水量需求等多种因素，以保护水源地水量、水质为目标，合理划定水源保护区。

（1）区分水源地类型。针对河道型、湖泊型、水库型和地下水等不同类型饮用水水源地的特点，综合考虑影响饮用水水源水质、水量的各种因素划分饮用水水源保护区。

（2）水量、水质保护并重。要做到水量、水质保护并重。在取水量有保证的地区，饮用水水源保护区划分应以保护水源水质为重点。

（3）水源地划分方法应符合国家有关法律、法规要求，考虑水工程管理、河道管理等实际情况。

（4）现实性和前瞻性相结合。饮用水水源保护区划分应与区域土地利用规划、流域水资源保护规划、区域发展规划及经济社会发展需要相结合，保护区的划分不仅要满足现状需求，还要考虑未来发展，协调经济社会发展和饮用水水源保护的关系。

（5）因地制宜、便于监管。饮用水水源保护区的划分力求简单明确，既要便于主管部门管理，也要便于公众参与饮用水水源保护区的监督。

（三）不同类型水源地保护区划分

1. 河流型饮用水水源保护区的划分

河流型饮用水水源保护区划分根据一般河流和潮汐河段应用经验方法和模型计算方法分别对水域和陆域范围进行划分。其主要方法如下：

（1）一级保护区。水域范围：一级保护区水域长度为取水口上游不小于1000m、下游不小于100m的河道水域。一级水源保护区水域宽度为按5年一遇洪水所能淹没的区域作为保护区水域的宽度。通航河道一级保护区宽度以河道中泓线为界靠取水口一侧范围，非通航河道为整个河宽。陆域范围：陆域沿岸长度不小于相应的一级保护区水域河长；陆域沿岸纵深与河岸的水平距离不小于50m。

（2）二级保护区。水域范围：二级保护区水域长度，在一级保护区的上游侧边界向上游延伸不得小于2000m，下游侧外边界应大于一级保护区的下游边界且距取水口不小于200m。二级保护区水域宽度包括整个河面。陆域范围：①二级保护区陆域沿岸长度不小于二级保护区水域河长，二级保护区沿岸纵深范围不小于2000m；②当水源地水质受保护区附近点污染源影响严重时，二级保护区陆域范围必须包括污水集中排放的区域；③当一级保护区外围以面源为主要污染源时，对于流域面积小于$100km^2$的小型流域二级保护区可以是整个集水范围。

（3）准保护区。需要设置准保护区时，可参照二级保护区的划分方法确定准保护区的范围。

2. 湖泊、水库型饮用水水源保护区的划分

湖泊、水库型水源保护区划分依据水源地所在水库、湖泊规模的大小，周边地形地貌等，将湖库型饮用水水源地进行分类，并分别用经验方法和模拟计算方法对水域和陆域范围的水源保护区进行划分。其主要方法如下。

（1）水源地分类。考虑湖库型饮用水水源地所在水库、湖泊规模的大小、周边地形地貌等，将湖库型饮用水水源地进行分类，分类结果见表4-2。

表 4-2 湖库型饮用水水源地分类

水源地类型		水源地类型	
水库	小型，$V<0.1$ 亿 m^3	湖泊	小型，$S<100km^2$
	大中型，0.1 亿 $m^3 \leqslant V<10$ 亿 m^3		
	特大型，$V\geqslant10$ 亿 m^3		大中型，$S\geqslant100km^2$

注 V 为水库总库容；S 为湖泊水面面积。

（2）一级保护区。水域范围：①小型湖库水域范围为取水口半径100m范围的区域，必要时可以将整个正常水位线以下的水域作为一级保护区；②单一供水功能的湖库，应将全部水面面积划为一级保护区。陆域范围：小型湖库为取水口侧正常水位线以上陆域半径200m距离，必要时可以将整个正常水位线以上200m的陆域作为一级保护区。

（3）二级保护区。水域范围：小型湖库一级保护区边界外的水域面积、山脊线以内的流域设定为二级保护区。陆域范围：对于小型湖库可将上游整个流域（一级保护区陆域外区域）设定为二级保护区。

3. 地下水型饮用水水源保护区的划分

地下水型饮用水水源保护区划分按照地下水类型确定。地下水按含水层介质类型的不同分为孔隙水、基岩裂隙水和岩溶水三类；按地下水埋藏条件分为潜水和承压水两类。

孔隙水的保护区是以地下水取水井为中心，溶质质点迁移100d的距离为半径所圈定的范围为一级保护区；一级保护区以外，溶质质点迁移1000d的距离为半径所圈定的范围为二级保护区，补给区和径流区为准保护区。保护区半径计算经验公式如下。

$$R=\alpha\times K\times I\times T/n \qquad (4-1)$$

式中 R——保护区半径，m；

     α——安全系数，一般取150%（为了安全起见，在理论计算的基础上加上一定量，以防未来用水量的增加以及干旱期影响造成半径的扩大）；

     K——含水层渗透系数，m/d；

     I——水力坡度（为漏斗范围内的水力平均坡度）；

     T——污染物水平迁移时间，d；

n——有效孔隙度。

一级、二级保护区半径可以按式（4-1）计算，但实际应用值不应小于孔隙水潜水型保护区经验值。

孔隙水潜水型水源地保护区范围经验值见表4-3。

表4-3　　　　　　　　　　孔隙水潜水型水源地保护区范围经验值　　　　　　单位：m

介质类型	一级保护区 半径 R	二级保护区 半径 R	介质类型	一级保护区 半径 R	二级保护区 半径 R
细砂	30～50	300～500	砾石	200～500	2000～5000
中砂	50～100	500～1000	卵石	500～1000	5000～10000
粗砂	100～200	1000～2000			

孔隙水潜水型水源准保护区为补给区和径流区。

裂隙水饮用水水源保护区划分以开采井为中心，按照式（4-1）计算的距离为半径的圆形区域，一级保护区的 T 取100d，二级保护区的 T 取1000d。

岩溶水饮用水水源保护区具体划分见《饮用水水源保护区划分技术规范》（HJ 338—2018）。

（四）饮用水水源保护方案报批和标志设置

1. 划分方案报批

饮用水水源保护区的范围，确保饮用水安全。饮用水水源保护区划分的目的是为各级政府和有关部门依法加强饮用水水源地的管理和保护服务，为相关部门合理开发和利用饮用水水源，保障饮用水环境质量提供依据。饮用水水源保护区划分方案应报政府或人大批准。

2. 标志设置

地方各级人民政府应当在饮用水水源保护区的边界设立明确的地理界标和明显的警示标志。标志牌包括界标、交通警示牌、宣传牌，其规格应符合《饮用水水源保护区标志技术要求》（HJ/T 433—2008）的规定。

二、水源水污染的防治

水污染的防治对保护好水源极为重要，它也是水源管理的一个重要方面，应引起足够的重视。防治水源污染的原则是预防为主，重在管理。其主要工作如下。

（一）定期进行水体污染源调查

随着乡镇企业的发展，农村经济发展较快，这也带来了不容忽视的水质污染问题。影响水源水质的污染一般是上游排放的工业废水，对上游影响水源水质的主要工厂的污水应该定期调查。

（1）调查内容。一是污水排放点与排放流量。要查清其中生产与生活污水各是多少。二是生产污水中有哪些有毒成分，其浓度、危害程度的大小。三是工厂废水的排放方式，是否间歇的、均匀的、有无处理等。

（2）调查方法。调查方法主要靠实地观察，收集排污方面的资料，并且将污水排出口的水样委托当地环保或卫生部门进行分析。

（3）调查结果整理。调查结果要整理成文字材料。主要内容为调查时间、调查人、调查对象、污水量及污水成分的分析，以及用地面水环境质量标准来衡量污染的程度，预测污染发展的趋势。

调查时间一般每年一次，水质变化时要增加调查次数。

（二）加强水源水质监测

加强水源上游水质监测主要是定期对水源上游一定范围内的河水进行定期水质分析，这样做，一是可以收集河水水质资料，为水处理和水源保护提供依据；二是可以早期发现或预报水质的恶化情况，以便及早采取对策，加以制止。

第五章

取 水 构 筑 物 运 行 管 理

供水水源分为地表水水源和地下水水源，集取水的构筑物称为取水构筑物。集取地表水的构筑物称为地表水取水构筑物；集取地下水的构筑物称为地下水取水构筑物。

第一节　地下水取水构筑物的运行管理

地下水是农村供水工程的主要水源，而作为抽取地下水的主要构筑物的机井是农村供水工程中的重要组成部分。做好机井的管理工作是充分发挥供水工程效益，延长机井和机电设备使用年限，不断降低供水成本的重要保证。在建井过程中，应严把质量，严格按验收标准检查验收，建立健全管理组织，制定切实可行的管理制度并严格执行之。

一、地下水取水构筑物的类型

由于地下水的类型及埋藏条件等因素不同，地下水取水构筑物有多种形式，主要有管井、大口井、渗渠和引泉构筑物（引泉池）等。

地下水取水构筑物的选择应根据当地地下水位、含水层埋深、厚度、分选情况、出水量的大小、供水目的、技术经济条件等来综合考虑，地下水取水构筑物的适用条件见表5-1。

表 5-1　　　　　　　　　　　　地下水取水构筑物的适用条件

形式	常用深度 /m	常用尺寸	水文地质条件			出水量 /(m³/d)	使用年限
			地下水埋深	含水层厚度	水文地质特征		
管井	30~300	常用的井径为 150~400mm	在抽水设备能解决的情况下一般不受限制	一般在5m以上，当补给水源充足时，也可在3m以上	适用于任何砂、卵、砾石层；构造裂隙、岩溶裂隙	单井出水量一般为100~3000	一般为10~20年
大口井	6~20	常用的井径为 1~3m	埋深较浅，一般在12m以内	一般为5~15m	适用于任何砂、卵、砾石层，渗透系数最好在20以上	单井出水量一般为500~5000	一般为10~20年
渗渠	2~4	管径为200~800mm；渠道宽0.6~1.0m。长10~50m	埋深浅，一般为2m以内	厚度较薄，一般为4~6m，个别地区仅在2m以上	适用于中砂、粗砂、砾石或卵石层	一般为5~15	一般为5~10年

续表

形式	常用深度/m	常用尺寸	水文地质条件			出水量/(m³/d)	使用年限
			地下水埋深	含水层厚度	水文地质特征		
辐射井	6~20	集水井同大口井,辐射管管径一般不超过100mm,长度小于10m	埋深较浅,一般在12m以内	同大口井,能有效地开采水量丰富、含水层较薄的地下水和河床渗透水	含水层最好为中、粗砂或砾石,不得含有漂石	单井出水量一般为1000~10000	辐射管部分一般为5~10年,井的部分一般为10~20年
引泉池					裂隙水或岩溶水(即洞穴水)出露处	差别很大,为30~8000	一般为10年左右

二、管井

(一)管井的构造

管井又名机井、深井,是地下水取水构筑物中广泛采用的一种形式。在有潜水、承压水、裂隙水以及岩溶水等地下水源的地区,可采用管井取水构筑物的形式。管井一般适合建于地下水埋深300m以内,含水层厚度大于5m或有多个含水层的地区等。

采用管井应充分考虑含水层的颗粒组成和地下水的水质特点,在细砂地层中,管井容易堵塞和漏砂;在水质不稳定或含有铁的含水层中,管井容易产生化学沉淀、铁质堵塞或腐蚀。

管井的结构通常由井室、井壁管、滤管(又称过滤器)、人工填砾和沉淀管(又称沉砂管)等部分组成。一般的管井构造如图5-1所示。

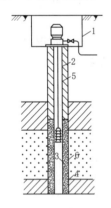

图5-1　管井构造示意图
1—井室；2—井壁管；
3—滤管；4—沉淀管；
5—黏土封闭；6—填砾

(1)井室。井室是用来保护井口免受污染,安装抽水设备和进行维护管理的场所。传统井室多采用砖混结构和混凝土浇筑,近年来不锈钢、铸铁、塑料等新材料被广泛应用于井室。

(2)井壁管。井壁管埋装在非含水层或含水层处,井壁管的作用是支撑井孔孔壁、防止坍塌及封闭,连接滤管、隔离水质不良或水头较低的含水层。井管和过滤器材料有钢管、铸铁管、塑料管、混凝土管和石棉水泥管等,根据具体情况选用,目前使用较广的铸铁管,强度和质量都较好,钢管和铸铁管常用于深井地区。混凝土管常用于井深较浅的管井。

(3)滤管。其安装在含水层中,用以集水、保持填砾和含水层的稳定性。滤管又称过滤器,它是井的进水部分,它和井管相连接,防止细砂进入井内。它的材料和孔隙度对出水量与井的使用寿命有很大影响。作为农村供水管井,一般要求采用大孔滤水管,外部要垫筋、缠丝或包网(棕)。

为了延长供水管井的使用寿命和增大出水量,应尽量采用缠丝过滤器,缠丝一般用镀锌铁丝或压成梯形断面的镀锌铁丝,用焊接或环氧水泥粘接的方法固定在垫筋上,梯形缠丝较狭一面贴在骨架上,以免砂粒嵌牢在缠丝中间。在水质较差的地区要用耐腐蚀的尼龙或不锈钢丝。缠丝间距是根据含水层颗粒分析结果决定，要求将含水层中的颗粒拦在过滤器的外面，细颗粒能够冲走，以减少水头损失。

包网（棕）过滤器，是用棕皮或尼龙网，包在垫筋的外面，纵向垫筋可用钢筋或扁铁，高度为 6mm，它的作用是防止网（棕）贴在骨架上而阻水，镀锌金属网易发生化学腐蚀，不宜采用。包棕（网）过滤器的进水阻力较大。

填砾是在过滤器的外围空间里，填上适当粒径的砾石，以防止细砂涌入井内，还可减少进水时的水头损失，从而增大出水量，延长管井的使用寿命。填砾粒径视含水层的颗粒组成而定，一般是含水层颗粒平均直径的 6～10 倍，应选用接近圆形的均匀颗粒，填砾厚度应在 100～200mm，高度应比过滤器高出 10～20m，以防填砾坍塌时过滤器顶部外露，影响进水水质。

过滤器的长度视含水层的厚度而定，厚度小于 15m 时，长度可比含水层厚度小 0.5～1.0m。含水层厚度较大时可参考旧井经验，在中粗砂含水层中，总长度不应超过 30m。

（4）沉淀管。其位于管井的底部。其作用在于储存由地下水带入井内的细砂和从水中析出的沉淀物，其长度一般为 2～10m。

在稳定的裂隙岩和岩溶岩中，或在水头较高，上部覆盖着较坚硬黏土层的含水层中，也可以应用不装井壁管、滤水管的管井取水。

（二）管井的使用与维护管理

（1）应对井房、井台定期维护，使其保持完好。

（2）管井竣工投产运行之前或每次检修后，应进行消毒。取 1kg 的漂白粉用 24kg 水配成漂白粉溶液，先将一半倒入井中，少顷，开动水泵，使出水带有氯味；停泵后将另一半漂白粉溶液倒入井中，用此含氯水浸泡井壁和泵管 24h，再开动水泵抽水，直到出水中的氯味全部消失后，即可正常使用。

（3）水泵抽水量应小于井的最大允许开采量，防止破坏含水层结构甚至造成井壁坍塌。

（4）每运行半年，测量一次井深，发现井底淤积过多、井深变浅时，应及时用抽砂机或空压机进行清淤。对管井清淤或洗井前应做好充分准备，尽量减少停泵时间。

（5）长期停用的管井，存在堵塞、腐蚀的可能，并容易滋生菌类。管井停用期间，应每隔 15～20d 进行一次维护性抽水，每次 4～8h，以经常保持井内清洁。井群供水，只开少量井运行时，宜采用轮回启动各井的运行方式。

（6）无论管井使用或停用，每月都要测量一次动、静水位和相应的出水量、水中含砂量和水温，其他水质检测项目和频度按相关规定执行。

（7）管井的操作管理人员宜稳定。严格执行水泵、电机等机电设备操作规程。

（8）管井技术档案。每眼管井都应建立技术档案，详细记录机电设备大修理、更新、管井清淤、事故处理及出水量、地下水位、水质、含砂量变化等情况，与水厂其他档案一起，作为分析研究和改进水厂运行管理的基础资料，并妥善保管。

三、大口井

（一）大口井的构造

大口井是开采浅层地下水的取水构筑物。大口井与管井比较，除出水量大外，还能储存一部分水起调节作用。根据含水层厚度和埋深，大口井可以做成完整井或不完整井。完整井井底坐落在隔水层上，只有井壁进水；不完整井井底坐落在含水层内，井壁井底同时

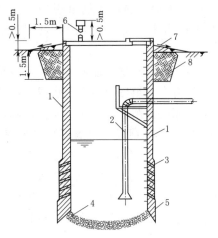

图 5-2　大口井构造示意图
1—井筒；2—吸水管；3—井壁进水孔；
4—井底反滤层；5—刃脚；6—通风管；
7—排水坡；8—黏土层

进水。从使用效果上看，不完整井较好，因为井壁井底同时进水，水量较大。大口井的井径大小，决定于含水层厚度和开挖形式。直径一般为 2～10m，井深在 15m 以内。由井口、井筒、进水部分和井底反滤层等部分组成。大口井的一般构造如图 5-2 所示。

（1）井口。井口是大口井露出地表的部分。其主要作用是避免地表污水从井口或沿井壁侵入含水层而污染地下水。井口一般应高出地表面 0.5m，并在其周围修建宽 1.5m 的排水坡。如井口附近表层土壤渗透性较强，排水坡下面还应回填宽度为 0.5m、厚度为 1.5m 的黏土层。如泵房与大口井合建，在井口上可建泵房；如分建，则井口上只设盖板，人孔和通气管。建在低洼地区与河滩上的大口井，为防止洪水冲刷与淹没，井盖应设密封人孔，并装有防止洪水自通风管倒灌的措施，或高出最高水位 2m 以上。

（2）井筒。井筒为大口井的主体，其作用在于加固井壁，防止井壁坍塌及隔离水质不良含水层等，有圆形和阶梯圆筒形等形式。井筒一般采用钢筋混凝土、混凝土块、块石、砖等砌筑。

（3）进水部分。进水部分位于地下含水层中，它的作用是从含水层中采集地下水，是大口井中保证出水量与水质的关键部位。大口井进水部分可分为井壁进水孔、透水井壁和底部进水的井底反滤层等。

（二）大口井的种类

（1）按大口井在含水层中的位置，大口井可分为完整井与非完整井。

（2）按建造井筒的材料，大口井可分为钢筋混凝土大口井，砖、石大口井等。修建大口井的材料应尽量就地取材。当井径大于 5m，深度大于 14m，或建井地层中有较大的卵石、流砂层，或井筒在施工中易发生倾斜时，宜采用钢筋混凝土大口井。

（3）按大口井的剖面形式，大口井又可分为圆筒形大口井；截头圆锥形大口井；阶梯圆筒形大口井。

（三）大口井的使用与维护

（1）应严格控制取水量，不得超过设计抽水量取水，尤其在地下水补给来源少的枯水期更应注意，超量开采会破坏过滤设施，导致井内大量涌砂，或使地下水含水层水位下降，含水层被疏干，致使大口井报废。

（2）井壁进水孔和井底很可能堵塞，应每月观测一次井内水位，发现堵塞情况，及时进行清淤。

（3）当井水位受区域地下水位持续降落，或长期干旱少雨影响而下降幅度较大，影响水厂正常取水时，可采取扩挖井深，井内打水平辐射集水管等方法增加出水量。

（4）在井的影响半径范围内，注意观察环境污染状况，严格执行水源卫生防护制度。特别注意防止周围遭受污染的地表水渗入。

（5）及时清理井内水面漂浮的树叶等杂物，保持井内卫生，避免或减少各种生物滋生，影响井水水质卫生。

四、渗渠

（一）渗渠的构造

渗渠是利用埋设在地下含水层中带孔眼的水平渗水管道或渠道，依靠水的渗透和重力流来集取地下水。其主要用以截取河床渗透水和潜流水。常见的为铺设在地表水体下或岸边的渗渠。渗渠有管和渠道两种，其集水管内径（或集水渠道内部尺寸）取决于当地水文地质条件及用水量，集水管内径不应小于200mm，需进内清理的渗渠，其集水渠道的底宽不宜小于600mm，高度不小于1500mm。渗渠通常由集水管、人工反滤层、集水井、检查井组成。渗渠的一般构造如图5-3所示。

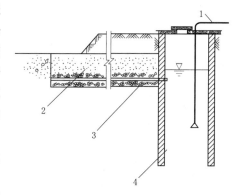

图 5-3　渗渠的一般构造
1—吸水管；2—渗渠；3—集水管；4—集水井

（1）集水管。多采用带孔眼的钢筋混凝土管，孔眼有圆形和长方形两种。

（2）人工反滤层。为防止含水层中细小砂粒堵塞进水孔或使集水管内产生淤积，在集水管外设置人工反滤层。

（3）集水井。有矩形和圆形两种，多采用钢筋混凝土或块石砌筑。井盖上设人孔和通风管。

（4）检查井。在渗渠集水管的端部、转弯处和变断面处都应设置检查井。直线管段检查井间距一般50m左右，采用钢筋混凝土圆形结构，直径为1～2m。井底设有0.5～1.0m深的沉砂槽。

（二）渗渠的使用与维护

（1）运行中注意地下水位的变化，地下水枯水期时，避免过量开采，以免造成涌砂或水位严重下降。

（2）渗渠长期运行，人工反滤层可能淤塞，应视淤堵影响出水量情况安排清洗或更新滤料。回填时，应严格按照设计的滤层滤料级配，做到回填均匀。

（3）做好渗渠的防洪。禁止在渗渠前后进行有可能危及洪水期渗渠安全的采砂、打坝等活动。洪水过后及时检查并清理淤积物，修补损坏部分。

（4）注意河床及河岸变迁，防止因河道冲刷或淤积影响渗渠进水。有条件的水厂，可建备用渗渠或地表水取水口，以保证事故或检修时不中断供水。

（5）增加渗渠出水量的措施。枯水期在渗渠下游，用装填泥土的草袋筑临时坝以抬高水位，雨季到来时洪水将临时坝冲走；在渗渠下游建拦河闸，枯水期下闸蓄水、丰水期开闸放水；在渗渠下游10～30m河床下修地下潜水坝。这几种措施都可抬高水位增加渗渠的出水量。

五、引泉池

（一）引泉池的构造

引泉池是具有泉水资源地区的取水构筑物。在山区，基本无工业污染，人类活动对自然环境影响少的地方，以水质良好的泉水作为饮用水水源，一般无须净化处理，并常可利用地形条件，在重力作用下引泉入村，既方便又经济。引泉池一般分为两种：一种是集水井与引泉池分建，靠集水井集取泉水，引泉池起蓄水池作用。集水井建在泉水出口处，一般可用块石等材料砌筑，形状似大口井，将泉水引入井内，再通过连通管使泉水流入引泉池。另一种是不建集水井，而靠引泉池一侧池壁集取泉水。引泉池的一般构造如图5-4所示。

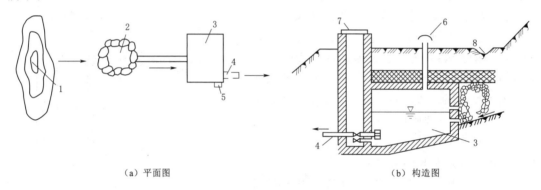

（a）平面图　　　　　　　　　　（b）构造图

图5-4　引泉池构造示意图

1—山；2—集水井；3—引泉池；4—出水管；5—溢流管；6—透气管；7—井盖；8—排水沟

（二）引泉池的使用与维护

（1）引泉池应高出附近地面并加盖，使用中应经常检查集水井、引泉池周围状况，尤其雨季，避免地表径流进入池内。

（2）每年对引泉池放空清洗一次，用漂粉液消毒，避免蚊虫滋生，保持泉池清洁卫生。

（3）定期对引泉池附属的闸阀进行养护，保证其开启关闭灵活。保持溢流管和排空管道的畅通。

第二节　地表水取水构筑物的运行管理

一、地表水取水构筑物的类型

由于水源种类、性质和取水条件的不同，地表水取水构筑物有多种形式。一般分为固定式、移动式、山区浅水河流取水构筑物。较常用的地表水取水构筑物如下。

（一）固定式取水构筑物

固定式取水构筑物多指分建式岸边取水构筑物，进水井与泵房分建，如图5-5所示。此种构筑物的结构简单，施工容易，但操作管理较不便。

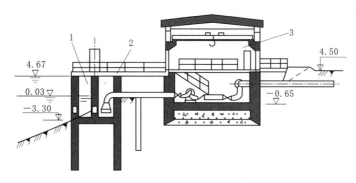

图 5-5 分建式岸边取水构筑物

1—进水井；2—引桥；3—泵房

（二）移动式取水构筑物

移动式取水构筑物多指浮船式取水构筑物，取水泵安装在浮船上，由吸水管直接从河中取水，经连络管将水输入岸边输水斜管，如图 5-6 所示。它适用于河流水位变化幅度大，枯水期水深在 1m 以上，水流平稳，风浪小，停泊条件较好，且冬季无冰凌、漂浮物少的情况。

（三）山区浅水河流取水构筑物

山区浅水河流取水构筑物多指固定式低坝取水构筑物，适用于枯水期河水流量小、水浅、不通航、不放筏，且推移质不多的小型山溪河流，如图 5-7 所示。

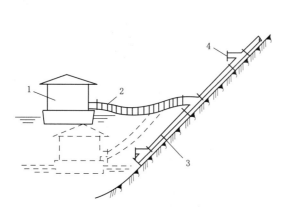

图 5-6 浮船式取水构筑物

1—浮船；2—橡胶软管；3—输水斜管；

4—阶梯式接口

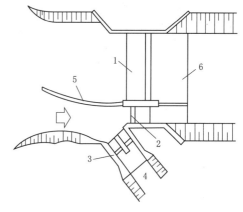

图 5-7 固定式低坝取水构筑物

1—溢流坝（低坝）；2—冲砂闸；3—进水闸；

4—引水明渠；5—导流堤；6—护坦

二、地表水取水构筑物的运用与维护

（一）取水构筑物的运用与保养

（1）经常清除取水口外格栅处的藻类、杂草和其他漂浮物，每班至少巡视清除一次。

（2）藻类、杂草、漂浮物较多时期应增加清除次数，格栅前后的水位差不得超过 0.3m，以保证取水量和格栅安全。

（3）清除格栅前杂物时，应有周密的安全措施，操作人员不得少于 2 人。

（4）冬季水源结冻的取水口，应有防结冰措施及解冻时防冰凌冲撞措施，以保证取水量和取水口的安全。

（5）应经常检查取水口设施所有传动部件、阀门运行情况，按规定加注润滑油，调整阀门填料，并擦拭干净。

（6）应定期检查进水管、集水井是否淤积，进水管淤积可采用顺冲法或反冲法用水冲洗。

（7）应经常检查水位计、取水水表等仪表是否工作正常，每班记录仪表数据。

（8）应经常沿输水管线进行巡查，及时发现处理输水管和附件的漏水、失灵、丢失、管线占压等问题。

（9）制定取水构筑物的防洪、度汛预案，做好汛前检查与防汛物资储备。

（二）取水构筑物的维护

（1）对格栅、阀门及附属设备应每季度检查一次；长期开启和长期关闭的阀门每季度都应开关活动一次，并进行保养，金属部件补刷油漆。

（2）对取水口的设施、设备，应每年检修一次，更换易损部件，修补局部破损的钢筋混凝土构筑物，油漆金属件，修缮房屋等。

（3）对进水口所在河、库位置的深度，应每年锤测一次，并做记录，发现变浅，应及时进行清淤疏挖。

（4）每季度维修一次输水管线及其附属设施，保持其完好。

（5）对输水明渠要定期检查，及时清除淤积杂物、水草藻类，保证输水通畅和水质良好。

第六章

水质净化和消毒

第一节 水质净化管理

一、水处理工艺

农村供水工程水处理的对象是天然淡水，称为原水，取自地下或地表。这些水中通常会含有各种杂质。杂质可分为无机物、有机物和微生物三种，也可按杂质颗粒大小以及存在的形态分为悬浮物、胶体和溶解性物质等三种。

水处理的目的是去除或降低原水中的悬浮物质、胶体、有害细菌、病毒以及溶解于水中的其他对人体健康有害的物质，使处理后的水质达到《生活饮用水卫生标准》（GB 5749—2022）。

农村供水工程水处理的基本原则是利用先进适用的技术、方法和手段，以尽可能低的工程造价和运行成本，去除水中的各种杂质，使水质得到净化。

（一）地下水源的净水工艺

地下水尤其是承压地下水，其上覆盖不透水层，可防止来自地面的渗透污染，因此，直接遭受污染的机会少，具有杂质少、浊度低、水温稳定等特点，一般来说，原水水质卫生条件较好。

一是当农村供水抽取的地下水水质良好，符合《地下水质量标准》（GB/T 14848—2017）时，水厂净水工艺流程通常比较简单，仅需投加消毒剂即可，运行管理也不复杂，其工艺流程如图 6-1 所示。

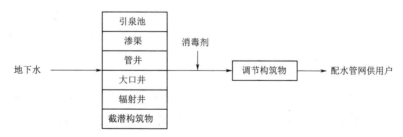

图 6-1　水质良好的地下水净水工艺流程

二是当农村供水工程抽取的地下水存在砂或铁、锰、氟化物等超标时，需要进行净化处理，才能供给用户。

1. 铁锰超标水的处理

（1）除铁、除锰原理。铁和锰在水中都以二价的离子存在。地下水的除铁、除锰是氧化还原过程，主要是把溶解的离子转化为沉淀物分离出来，即将溶解状态的二价铁、二价锰氧化成悬浮状态的三价铁、四价锰，由水中沉淀析出，再经过滤料层过滤，达到去除的目的。铁和锰的氧化还原反应受环境因素的影响变化很大，铁的氧化还原电位比锰低，氧化速率较锰快，所以铁比锰易于去除。

（2）曝气方法和要求。曝气可采用跌水、淋水、射流曝气、压缩空气、叶轮式表面曝气、板条式曝气塔或接触式曝气塔等装置形式，根据原水水质、曝气程度要求，通过技术经济比较选定，并应符合下列要求。

1）采用跌水装置时，可采用 1～3 级跌水，每级跌水高度为 0.5～1.0m，单宽流量为 20～50m^3/(h·m)。

2）采用淋水装置（穿孔管或莲蓬头）时，孔眼直径可为 4～8mm，孔眼流速为 1.5～2.5m/s，距水面安装高度为 1.5～2.5m。如用莲蓬头，每个莲蓬头的服务面积为 1.0～1.5m^2。

3）采用射流曝气装置时，其构造应根据射流水的压力、需气量和出口压力等通过计算确定，射流水可全部采用、部分采用原水或其他压力水。

4）采用压缩空气曝气时，每立方米水的需气量（以 L 计）宜为原水中二价铁含量（以 mg/L 计）的 2～5 倍。

5）采用叶轮式表面曝气装置时，曝气池容积可按 20～40min 处理水量计算；叶轮直径与池长边或直径之比可为 1∶6～1∶8，叶轮外缘线速度可为 4～6m/s。

6）采用板条式曝气塔时，板条层数可为 4～6 层，层间净距为 400～600mm。

7）采用接触式曝气塔时，填料可采用粒径为 30～50mm 的焦炭块或矿渣，填料层层数可为 1～3 层，每层填料厚度为 300～400mm，层间净距不小于 600mm。

8）淋水装置、板条式曝气塔和接触式曝气塔的淋水密度，可采用 5～10m^3/(m^2·h)。淋水装置接触水池容积，可按 30～40min 处理水量计算；接触式曝气塔底部集水池容积，可按 15～20min 处理水量计算。

9）当曝气装置设在室内时，应配套通风设施。

（3）除铁、除锰工艺选择。由于铁与锰往往共存于地下水中，在处理过程中又存在相互的干扰，所以选择处理工艺时，一般都会根据原水中的铁与锰含量统一进行考虑。但各地地下水水质多种多样，农村供水工程所选用的工艺未必能与当地水质条件相符。实践中运行经常看到不良的除铁、除锰装置。因此，很有必要把握运行工况。处理含铁、含锰水的方法有以下几种。

1）单级曝气氧化法除铁、除锰工艺。单级曝气氧化法除铁、除锰工艺是利用空气中的氧，将水中二价铁氧化成三价铁，经水解后，首先生成氢氧化铁胶体，然后逐渐絮凝成絮状沉淀物，经锰砂过滤罐（池）去除，如图 6-2 所示。当原水铁含低于 5.0mg/L、锰含量低于 1.5mg/L 时，可采用该工艺。

曝气氧化与水的 pH 值有关，只有在水的 pH 值不低于 7.0 的条件下才可能较有效去

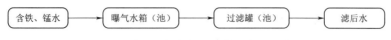

图 6-2　单级曝气氧化法除铁、除锰工艺流程

除二价铁。

此法的关键是加强水的曝气。曝气的目的不仅是向水中充氧，同时也是散除水中的 CO_2，以提高水的 pH 值。

溶解性硅酸对除铁的影响：Fe^{2+} 氧化生成 $Fe(OH)_3$ 并未完成除铁过程，还必须将悬浮的 $Fe(OH)_3$ 粒子从水中分离出去。水中可溶性硅酸（SiO_2）含量对 $Fe(OH)_3$ 粒子性状影响较大。硅酸能与 $Fe(OH)_3$ 表面进行化学组合，形成趋于稳定的高分子，溶解性硅酸含量越高，生成的 $Fe(OH)_3$ 粒子直径越小，凝聚越困难，易穿透滤层，不易去除。在操作运行过程中，应注意原水水质的 pH 值、水温、溶解性硅酸含量及色度，以免影响除铁效果。

滤料宜采用天然锰砂或石英砂等；锰砂粒径宜为 $d_{min}=0.6mm$、$d_{max}=1.2\sim2.0mm$，石英砂粒径宜为 $d_{min}=0.5mm$，$d_{max}=1.2mm$，滤料层厚度宜为 $800\sim1200mm$，滤速宜为 $5\sim7m/h$。

2）生物固锰除锰法。当原水中含铁量低于 6.0mg/L、含锰量低于 1.5mg/L 时，可采用生物固锰除锰法。它是空气为氧化剂的接触过滤除铁和生物固锰除锰相结合的工艺。在 pH 值中性范围内，Mn^{2+} 首先吸附于细菌表面，然后在细菌胞外酶的催化下，氧化为 Mn^{4+}，从水中除去。原水经曝气后直接进入滤池的生物滤层，滤层中存在着以除锰菌为核心的复杂微生物群系，称之为活性滤膜，滤膜包在滤料表面。除铁和除锰在同一滤池完成。Fe^{2+} 的氧化机理仍然以接触氧化为主。除锰滤池在投入运行初期，随着微生物的接种、培养、驯化，当滤层中微生物群落繁殖代谢达到平衡时，即是滤池的成熟期。凡是除锰效果好的滤池，都具有微生物繁殖代谢的条件，滤层中的生物量在 $n\times10^4\sim n\times10^5$ 个/g 湿砂之上。生物除铁、锰工艺流程如图 6-3 所示。

图 6-3　生物除铁、锰工艺流程

3）曝气两级过滤法。原水含铁量高于 5.0mg/L、含锰量高于 1.5mg/L 时，需要采用曝气两级过滤工艺。锰比铁难以去除，利用铁、锰氧化还原电位的差异，一级过滤的接触过滤氧化除铁，二级过滤除锰，达到铁、锰深度净化的目的。曝气两级过滤工艺流程如图 6-4 所示。

含铁、锰水 → 曝气 → 一级过滤 → 二级过滤 → 除铁、锰水

图 6-4　曝气两级过滤工艺流程

4）两级曝气两级过滤。地下水中含铁量高于 10mg/L、含锰量高于 2.0mg/L 时，可采用两级曝气两级过滤的工艺流程。先曝气，一级过滤的溶解氧作为氧化剂，接触过滤氧化除铁，然后再经曝气，二级过滤用作生物滤池除锰。工艺流程如图 6-5 所示。

图 6-5 两级曝气两级过滤工艺流程

2. 氟超标水的处理

《生活饮用水卫生标准》（GB 5749—2022）规定，当原水氟化物含量超过 1.0mg/L，或工程规模≤1000m³/d（1 万人以下）、含氟量超过 1.2mg/L 时，就应进行除氟处理。饮用水除氟方法很多，农村供水工程应根据原水水质、供水规模、设备和材料来源，经过技术经济比较后确定。除氟方法大致可以分为三种：一是吸附过滤法。含氟水通过滤层，氟离子被吸附在由吸附剂组成的滤层上，当吸附剂的吸附能力逐渐降至一定程度时，即滤池出水的含氟量就达不到设计要求，需用再生剂对吸附剂进行再生，恢复其除氟能力，以此循环达到除氟的目的。主要吸附剂有活性氧化铝、骨炭、活化沸石等。二是膜法。利用半透膜分离水中氟化物，包括电渗析和反渗透两种方法。膜法处理的特点是在除氟的同时，也去除水中的其他离子。三是混凝沉淀法。在含氟水中投加混凝剂，使之生成絮体而吸附氟离子，经沉淀和过滤将其除去。

（1）吸附过滤法。

1）活性氧化铝吸附法。活性氧化铝是两性化合物，在酸性溶液中其表面带正电，在碱性溶液中表面带负电，表面带正电荷是吸附 F⁻ 的基本条件。为提升活性氧化铝除氟效果，一般用酸调节原水的 pH 值至偏酸性。调节 pH 值时，为降低酸的消耗和降低成本，pH 值宜控制在 6.0~7.0 之间，常用的酸有硫酸、盐酸、醋酸等液体或投加二氧化碳气体。活性氧化铝吸附法除氟工艺流程如图 6-6 所示。

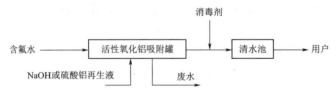

图 6-6 活性氧化铝吸附法除氟工艺流程

1g 活性氧化铝能吸附氟的重量称吸附容量，吸附容量值的范围为 1.2~4.5mg/g Al₂O₃，具体数值取决于原水中的氟含量、pH 值、活性氧化铝颗粒大小等。当原水 pH 值调至 6.0~6.5 时，吸附容量为 4~5g（F⁻）/kg（Al₂O₃）；原水 pH 值调至 6.5~7.0 时，3~4g（F⁻）/kg（Al₂O₃）；原水不调 pH 值时，为 0.8~1.2g（F⁻）/kg（Al₂O₃）。

a. 滤层厚度。滤料应有足够的机械强度，粒径采用 0.5~1.5mm。用硫酸溶液调 pH 值时，溶液流向是自上而下；用二氧化碳气体调 pH 值时，气体流向是自下而上。原水含氟量小于 4mg/L，滤层厚度应大于 1.5m；原水含氟量 4~10mg/L 时，滤层厚度大于 1.8m，当原水 pH 值调至 6.0~6.5 时，滤层厚度可降至 0.8~1.2m。采用活性氧化铝吸附法，应注意检测出水的铝含量，不应大于《生活饮用水卫生标准》（GB 5749—2022）中规定的 0.1mg/L。

b. 活性氧化铝再生操作。滤池出水含氟量≥1.0mg/L，或对于供水规模≤1000m³/d

的农村供水工程，出水含氟量≥1.2mg/L时，滤池应停止运行进行再生处理。用氢氧化钠溶液或硫酸铝溶液做再生剂对活性氧化铝进行再生，氢氧化钠溶液浓度0.75%~1.0%时，其消耗量为每去除1g氟化物需8~10g固体氢氧化钠；硫酸铝溶液浓度2%~3%时，其消耗量为每去除1g氟化物需60~80g固体硫酸铝。

使用氢氧化钠对活性氧化铝进行再生时，再生过程分为首次冲洗、再生、二次冲洗和中和四个阶段。首次反冲洗膨胀率为30%~50%，反冲时间为10~15min，冲洗强度一般采用12~16L/(s·m²)、氢氧化钠液自上而下通过滤层，再生时间1~2h，流速为3~10m/h；二次反冲洗强度为3~5L/(s·m²)，流向自下而上，反冲时间1~3h；第四个阶段是中和，可用1%硫酸溶液调节进水pH值至3左右，进水流速与除氟过滤相同，中和时间1~2h，直至出水pH值至8~9。反冲洗及配制溶液均用原水。用硫酸铝再生时，中和阶段可省略。

c. 再生废液处理。对活性氧化铝进行再生处理所产生的废液，可加酸中和至pH值为8左右，投加前用少量废水溶解氯化钙溶液，再投加2~4kg/m³氯化钙溶液并充分搅拌使之混合均匀，静止沉淀数小时，上清液与下一周期首次冲洗水一起排入下水道。

d. 活性氧化铝吸附操作注意事项。滤料初次使用，必须用5%的硫酸铝溶液浸泡1~3h，适当搅拌后，再用水冲洗6~8min。除氟滤池的再生时间，应根据原水水质，吸附容量分为调pH值和不调pH值。开始运行后，应记录运行时间，掌握其运行周期。运行时应经常观察，活性氧化铝球状颗粒表面应洁白，滤料不应有板结现象。

2) 活化沸石吸附法。活化沸石以硅铝酸盐类矿物质（天然沸石）为原料，经化学改性活化而成为活化沸石颗粒，其粒径为0.5~1.8mm。每吨活化沸石每小时可处理高氟水1~2m³，滤池过滤方式为升流式（自下而上），滤速为3~5m/h，吸附容量为1~2g(F)/kg活化沸石，视原水含氟量不同而不同，过滤周期为7~30d。当滤池出水含氟量>1.0mg/L，需对滤料进行再生处理。再生时先用3%NaOH或5%明矾循环淋洗6h，再用5%明矾浸泡12h，清水冲洗10min。活化沸石吸附法除氟工艺流程如图6-7所示。

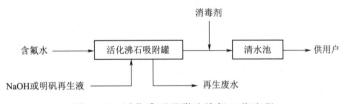

图6-7　活化沸石吸附法除氟工艺流程

3) 复合式多介质过滤法。复合式多介质是采用自然界中的矿物质、动物骨骼和植物果壳等精炼提取后，经过不同的工序，高温煅烧而成的一种特殊吸附滤料。它的吸附容量高，过滤周期为12~72个月（介质使用周期与原水中氟超标程度有关），工艺流程简单，仅设过滤装置，无须再生操作，再隔3~4d用清水冲洗滤料即可，反冲洗耗水率低。复合式多介质过滤法除氟工艺流程如图6-8所示。

当压力水通过装有复合式多介质的滤料时，水中的氟化物被多介质滤料层吸附，处理后的水氟化物含量应小于1.0mg/L。滤料无须用化学药剂再生，为防止滤料板结每隔3d要进行一次反冲洗，松动滤料层。除氟罐设2个，一般运行2~3个月，倒换运行，以延

图 6-8 复合式多介质过滤法除氟工艺流程

长除氟滤料的使用寿命。

当多介质滤料吸附饱和后，需更换滤料，替换下的滤料可直接送到垃圾场，也可送回工厂进行回收处理，经实践验证，并经环保部门测试，除氟吸附滤料为无危害物。

（2）电渗析法。电渗析法不仅可去除水中氟的离子，还能同时去除其他离子，如除盐。在外加直流电场的作用下，利用阴离子交换膜和阳离子交换膜的选择透过性，使一部分离子透过离子交换膜而迁移到另一部分水中，从而使一部分水淡化，而另一部分水浓缩，从而达到除氟（除盐）的目的。电渗析法除氟工艺流程如图 6-9 所示。

图 6-9 电渗析法除氟工艺流程

预处理是为去除水中悬浮物、细菌、藻类、有机物、铁锰及防止其他危害电渗析运行过程的措施，也是为了提高电渗析器效率和保证它连续运行的重要环节。

1）电渗析器主要特点。它的优点很多，主要有：使用操作简单，易于实现自动化控制；设备紧凑，占地面积小；使用寿命长；对进水水质要求较反渗透膜处理要低；预处理简单；水的利用率高，一般可达 60%～90%；药剂消耗少，仅在定期清洗时，用少量酸；无需高压泵，不产生噪声。其缺点是：电渗析法难于去除离解度小的盐类，如硅酸和碳酸根，也无法去除不离解的有机物；某些高价金属离子和有机物会污染离子交换膜，降低除盐效率；电渗析要求膜对数量多，组装维修技术要求较高。

2）电渗析器运行过程中的倒极。为解决超电极电流时电渗析结垢的问题运行中需要频繁倒极。倒极装置有自动或手动两种，自动倒极为 10～30min 一次，手动倒极为 2～4h 一次。倒极过程是将供电的正、负极转换过来，原正极变为负极，负极变为正极。电渗析产生水垢的原因是原水中含有暂时硬度，电渗析器在超极限电流工况下运行时，因极化作用而结垢。

（3）反渗透法。反渗透（简称 RO）的原理是在膜的原水一侧施加比溶液渗透压高的外界压力，只允许溶液中水和某些组分选择性地透过，其他物质不能透过而被截留在膜表面的过程。反渗透膜用特殊的高分子材料制成，具有选择性的半透性能的薄膜。反渗透膜适用于 1nm 以下的无机离子为其主要分离对象的水处理。反渗透法除氟工艺流程如图 6-10 所示。

为保证水处理系统长期安全稳定运行，原水在进入反渗透前，应预先去除所含的悬浮物和胶体、微生物、有机物、铁、锰、游离性余氯和重金属等，称为预处理。

1）反渗透工艺的主要设备。采用反渗透方法除氟使用的反渗透装置包括以下设备：

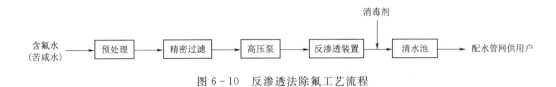

图 6-10 反渗透法除氟工艺流程

多介质过滤器，内装石英砂或石英砂与无烟煤组成的双层滤料；精密过滤器也称保安过滤，内设 $5\sim10\mu m$ 滤芯，用于去除水中微量悬浮物和微小的胶体颗粒；给水加压的高压泵，使水透过反渗透膜；用于加酸清洗反渗透膜的加药泵，运行中加阻垢剂防止膜表面结垢阻塞膜面。

2）反渗透装置出水的后处理。苦咸水经反渗透装置处理后的出水，由于水中一氧化碳能 100％通过膜，使出水的 pH 值低而呈酸性。故出水还需加氢氧化钠或石灰，或勾兑适当比例的原水，把 pH 值调至＞6.5 后，再投加消毒剂才能作为生活饮用水。

（4）混凝沉淀法。这一方法是在含氟水中投加混凝剂，如聚合氯化铝、三氯化铝、硫酸铝等，经混合絮凝形成絮体，通过絮体吸附水中的氟离子，再经过沉淀和过滤而除氟。其工艺流程如图 6-11 所示。

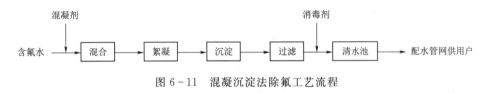

图 6-11 混凝沉淀法除氟工艺流程

混凝沉淀法除氟工艺简单方便，工程投资低。混凝剂的投加量为氟含量的 $10\sim15$ 倍，pH 值宜为 6.5～7.0。沉淀宜采用静止沉淀方式，沉淀时间为 4～8h。混凝沉淀法除氟过程中会产生大量污泥，需妥善处置，否则会对环境造成二次污染。

混凝沉淀法适用于含氟量小于 4mg/L 的原水。对于含氟量超过 4mg/L 的水，混凝剂投加量高达含氟量的 100 倍，水中增加硫酸根和氯离子会大量增加，使处理效果受到影响。所以混凝沉淀法适用于含氟量较低的农村供水工程。

3. 含砂量超标的处理

地下水由于所处含水层含砂量大、封井等问题会导致水中砂含量较大，影响口感，可采用旋流除砂器进行处理。

（1）旋流除砂器原理。旋流除砂是利用离心分离的原理进行除沙，由于进水管安装在筒体的偏心位置，当水通过旋流除砂器进水管后，首先沿筒体的周围切线方向形成斜向下的周围流体，水流旋转着向下推移，当水流达到锥体某部位后，转而沿筒体轴心向上旋转，最后经出水管排出，杂污在流体惯性离心力和自身重力作用下，沿锥体壁面落入设备下部锥形渣斗中，锥体下部设有构件防止杂物向上泛起，当积累在渣斗中的杂物到一定程度时，只要开启手动蝶阀，杂物即可在水流作用下流出旋流除沙器。

旋流除砂器是根据离心沉降和密度差的原理，当水流在一定的压力下从除砂进水口以切向进入设备后，产生强烈的旋转运动，由于砂和水密度不同，在离心力、向心力、浮力和流体曳力的共同作用下，使密度低的水上升，由出水口排出，密度大的砂粒由设备底部的排污口排出，从而达到除砂的目的。

（2）旋流除砂器工艺流程。在一定范围和条件下，除砂器进水压力越大，除砂率越高，并可多台并联使用。旋流除砂工艺流程如图6-12所示。

图6-12　旋流除砂工艺流程

（3）旋流除砂器的特点。

1）结构简单，操作简便，使用安全可靠，几乎不需要维护。

2）与扩大管、缓冲箱等除砂设备相比，具有体积小、处理能力大、节省现场空间等优点。

3）可在不间断供水过程中清除水中的砂粒。

4）避免了其他除砂方式存在水质二次污染的现象，除砂效率高。

旋流除砂器选型须考虑处理水量、外部接管管径、管道工作压力、原水品质以及处理后水质要求等因素。一般情况下，选用旋流除砂器时，在满足流量的前提下，优先选用大的型号设备，并推荐在系统中用几台设备并联替代大设备，以便取得更佳的固液分离效果。

（二）地表水源的净水工艺

地表水源的水质差异很大。江河湖库水与大气接触，其周边人类生活生产活动排放的污水、粉尘很容易污染水体，降水带来的水土流失往往使地表水水质、水量具有明显的季节性和不稳定性。

1. 地表水微絮凝净水工艺

当原水浑浊度常年不超过20NTU、瞬间不超过60NTU、其水质符合《地表水环境质量标准》（GB 3838—2002）Ⅲ类以上要求时，地表水源净水工艺流程如图6-13所示。

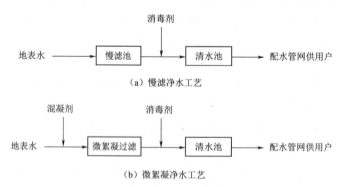

（a）慢滤净水工艺

（b）微絮凝净水工艺

图6-13　地表水源净水工艺流程

浊度也称浑浊度，它指水的浑浊程度。浊度是用来反映水中悬浮物和胶体颗粒含量的水质状态替代指标。水中悬浮物和胶体颗粒一般主要是泥沙。浊度既能反映悬浮物和胶体颗粒浓度，同时又是人的感官对水质的最直接评价。

2. 常规净水工艺

当原水浊度长期不超过 500NTU、瞬时不超过 1000NTU、其水质符合《地表水环境质量标准》（GB 3838—2002）Ⅲ 类以上水体要求时，水厂常规净水工艺流程如图 6-14 所示。水厂采用常规净水工艺需投加混凝剂和消毒剂。

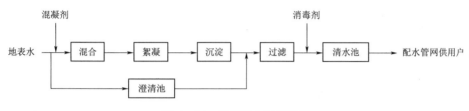

图 6-14　常规净水工艺流程

由混合、絮凝、沉淀以及过滤组成的工艺过程称为常规净水工艺，处理对象主要是悬浮物和胶体杂质。其净水原理是：首先向具有一定浑浊度的水投加混凝剂，在混合装置中，经过混合器 10～30s 高速均匀混合，使胶体颗粒脱稳；其次，在絮凝阶段水中悬浮物和胶体颗粒形成易于沉淀的大颗粒絮凝体；再次是通过沉淀进行泥水分离；最后，上清液经过具有孔隙的粒状滤料（如石英砂、无烟煤等）滤池，截留水中尚存的细小杂质，使水得以澄清。

（1）混合。混合是使投入的药剂迅速均匀地扩散于被处理的水中，以创造良好絮凝条件的过程。农村供水工程常用的混合方式有水力混合和机械混合。具体的设施形式多采用管道混合器，它的安装和使用方便，全部是水力过程。

（2）絮凝。絮凝过程在整个净水工艺中是一个十分重要的环节。絮凝是凝聚的胶体在一定的外力扰动下相互碰撞、脱稳、胶体相互聚集，以形成较大颗粒的过程。

完成絮凝过程的构筑物称絮凝池。絮凝池的作用是在外力作用下，使具有絮凝性能的微絮粒相互接触碰撞而形成更大的絮粒，以适应沉降分离的要求。

絮凝池的池型很多，农村供水工程常用的絮凝池有穿孔旋流絮凝池、网格（栅条）絮凝池和折板絮凝池。

絮凝池的运行管理技术要点是：控制池内水的流速变化、速度梯度及水在絮凝池的停留时间；经常检测絮凝池出口处矾花的大小，及时调整加药量；根据原水浊度的高低及时排除池底沉积的淤泥；絮凝池停运时应把底泥彻底清除干净。

（3）沉淀。经过絮凝后的絮凝体，在沉淀池中依靠重力沉降作用进行固液分离，使浊水变清的这个过程称为沉淀。沉淀池能够去除 80%～90% 的悬浮固体，使出水浑浊度降至 5NTU 以下，特殊情况不应大于 8NTU。农村供水工程常用沉淀池的池型有平流沉淀池和斜管沉淀池。

沉淀池运行管理技术要点：一是掌握原水水质和处理水量的变化，一般要求 2～4h 测定一次原水浊度、pH 值、水温；二是在出水量变化前调整加药量，在水源水质变坏时增加加药量，防止断药事故，在水质变化频繁的季节，如洪水、台风、暴雨季节更要加强管理；三是及时排泥，池内积泥厚度升高会缩小沉淀池过水断面，进而会缩短沉淀时间，降低沉淀效果，但排泥也不要过于频繁，否则会增加耗水量；四是防止藻类滋生，可采取在原水中投加氧化剂（氯、高锰酸钾、二氧化氯等）予以抑制。此外，要保持沉淀池内外清洁卫生。

（4）澄清。澄清是将絮凝与沉淀两个过程结合在一起，利用池中已积聚的活性泥渣与原水中悬浮颗粒相互碰撞、吸附结合，然后与水分离，使原水较快地得到澄清。澄清池是在沉淀池的基础上发展起来的一种特殊形式的沉淀池，它的主要特点是在同一构筑物内完成混合、絮凝、沉淀过程，并使泥渣循环回用，充分发挥混凝剂的净水效能。

澄清池的种类很多。农村供水工程较多采用的是水力循环澄清池、机械搅拌澄清池。

（5）过滤。过滤是使经过沉淀的水通过粒状材料或多孔介质进一步去除水中杂质的过程。过滤过程中，在进一步降低水的浊度的同时，还能去除水中部分有机物、细菌及病毒等。对于以地表水为水源的水厂，过滤是水处理的关键性工艺之一，对保证水质有重要作用。

滤池的滤料选择是滤池建设与运行管理的关键。当滤层堵塞到一定程度后，就需进行冲洗，以恢复滤层的清洁。常用的滤料有天然石英砂、无烟煤、颗粒活性炭等。

影响过滤效果的主要因素如下。

一是沉淀池出水浊度直接影响滤池的过滤质量和运转周期。如果沉淀池出水浊度高，滤池内水头损失便增长很快，工作周期显著缩短。为确保滤池出水浊度在1NTU以下，工作周期不超过24h，要求沉淀池出水浊度在5NTU以下，特殊情况不超过8NTU。

二是滤速。滤速高、出水量大、滤池负荷增加，会影响滤池出水水质，缩短滤池工作周期。滤速应兼顾水质、产水量和运行要求，宜控制在6～8m/h。

三是滤料粒径与级配。它是滤池工作好坏的关键。滤料的粒径与级配、滤层厚度直接影响出水水质、工作周期和冲洗水量。

四是冲洗条件。经过一个周期，滤层内特别是上层滤料截留了大量泥渣和其他杂质。及时把泥渣和杂质冲洗干净，恢复到过滤前的状态，是过滤能够持续进行的重要条件。合理的冲洗要有足够的冲洗强度、滤层膨胀率和冲洗时间

3. 高浊度水净水工艺

高浊度水指水质浑浊、泥沙含量高的原水。高浊度水一般是由于雨季降雨强度过大，导致地表径流含泥沙过多。

当原水浊度经常超过500NTU、瞬时超过3000NTU，其水质除浊度外均符合《地表水环境质量标准》（GB 3838—2002）Ⅲ类以上水体要求时，净水工艺流程如图6-15所示，水厂净水工艺增加了预沉淀工序。

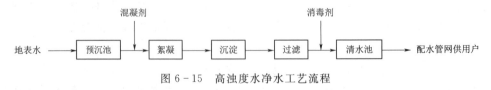

图6-15　高浊度水净水工艺流程

预沉淀方法很多。对于农村供水工程，预沉淀宜采用天然池塘或人工水池进行自然沉淀。自然沉淀时，水在池内停留时间较长，可取得较好的沉淀效果。当自然沉淀池不能满足出水水质要求时，可在池前投加混凝剂或助凝剂，以加速沉淀。也可采用水力旋流沉砂

池、辐射式沉淀池、平流沉淀池等。

当预沉池出水浊度低于 500NTU 时，在预沉池出水的位置投加混凝剂，混合后进入絮凝池；当预沉池出水浊度高于 500NTU 时，可投加少量助凝剂和混凝剂，投加量随预沉池出水水质的含沙量确定。高浊度水投加助凝剂后有助于泥沙加快沉降。

二、净水设施的运行与维护

（一）农村供水工程净水设施运行维护基本要求

（1）水厂运行人员，应经过培训，掌握本水厂净水工艺流程，明了操作程序，掌握相关的技术参数，并能按设计参数或调整后的参数运行。

（2）水厂必须配备保障净水工艺要求所需的仪表。运行人员必须具备对仪表正确观测和使用的技能。

（3）水厂必须配备检测水质的起码手段。运行人员必须掌握这些手段。以地下水为水源的水厂必须配备检测消毒剂指标的手段；以地表水为水源的水厂必须配备检测浊度和消毒剂指标两项手段，以保证水厂的正常运行和出厂水质。

（4）按规定每年对水厂运行人员进行一次身体检查，取得健康许可证方可上岗工作，发现运行人员患有传染疾病，应立即调离运行岗位。

（5）机电设备运行人员，按规定还应取得低压电工操作合格证方能上岗工作。

（6）水厂宜建立净水工艺操作人员转岗制度，使各岗位操作人员了解上下道工序的运行要求，做好与其他工序的协调，尽量避免净水设施负荷的大起大落，尽量使各工序处于相对稳定的运行状态。

（二）除铁、除锰滤罐（池）运行管理

多采用过滤罐，部分采用过滤池，当采用过滤罐等除铁锰设备时，设备的制造质量应符合国家或行业有关标准。有生产许可证、产品合格证，宜采用不锈钢等耐腐蚀材质。操作人员务必按产品说明书规定的工作压力和安全运行的额定压力运行，严禁超压。

1. 除铁除锰滤料

滤料要求有足够的稳定性和机械强度，对除铁除锰的水质无不良影响。除铁除锰工程中的滤料有石英砂和锰砂滤料。当含锰量较高时，宜采用锰砂滤料，可根据设计要求选用。

2. 冲洗强度

滤罐（池）的冲洗强度、膨胀率和冲洗时间可按表 6-1 确定。

表 6-1　　　　　　滤池的冲洗强度、膨胀率和冲洗时间

滤料种类	滤料粒径 /mm	冲洗方式	冲洗强度 /[L/(m²·s)]	膨胀率 /%	冲洗时间 /min
石英砂	0.5~1.2	无辅助冲洗	13~15	30~40	>7
锰砂	0.6~1.2		18	30	10~15
锰砂	0.6~1.5		20	25	10~15
锰砂	0.6~2.0		22	22	10~15
锰砂	0.6~2.0	有辅助冲洗	19~20	15~20	10~15

3. 运行管理要点

滤料在装填前应按设计要求对滤料进行筛选，装填滤料自下而上、从大到小逐层装填。装填后应及时进行反冲洗，将粉砂末及泥水冲洗出滤池，出水澄清才能正式投入运行。开始时，石英砂滤料应在低滤速下运行。当进出水压力表差值达到允许水头损失值时，应对滤料进行反冲洗。或者当滤后水的铁、锰含量超出规定值后（铁≤0.3mg/L，锰≤0.1mg/L）也应立即进行反冲洗。反冲洗水量不宜过大，强度不宜过高，以松动滤料层为宜，以免影响生物活性滤膜形成。每年应对滤池滤料进行翻砂整理，捣碎黏结的大块，观察滤料层厚度，如滤层减少应补足滤料。

（三）除氟过滤罐管理

运行中应注意观察滤料有无板结现象。运行半年后应记录吸氟容量有无衰减现象。运行管理过程中，当出水水质含氟量＞1.0mg/L，吸附容量达到饱和后，需使用 NaOH 进行再生。

（四）电渗析器运行管理

1. 技术参数

电渗析运行中要掌握控制以下几个主要技术参数：流量与水压，流速，电流和电压，进、出水水质，浓水循环的浓缩倍数，电渗析器酸洗等。如果浓水是循环利用，还要确定浓水的循环比例。

（1）流量与水压。淡水流量应根据需处理的水量确定。含盐多的浓水流量略低于淡水流量，但不得低于淡水流量的 2/3；电极过程的反应产物极室出水称为极水，其流量可为 1/4～1/3 的淡水流量；电渗析器进水水压不应大于 0.3MPa；运行时控制在恒压下，定期倒换电极。

（2）流速。对一台设备要有流量上限和下限。流速一般控制在 5～25cm/s。

（3）电流和电压。为防止极化和结垢，工作电流应小于极限电流，选定工作电流后，控制电渗析器在一定的直流电压下运行。

（4）进、出水水质。应严格控制进水水质，防止杂质沉积在膜上，出水水质应根据用户要求而定。通过测电导率来控制运行中的进水与出水水质。掌握电渗析运行工况，定期取样对水温、浊度、耗氧率、铁、锰、pH 值和游离性余氯等进行测定。采用浓水、极水循环时，还应定期检测水中的总盐和 pH 值。

（5）浓水循环的浓缩倍数。工艺的关键是正确控制浓缩倍数，随着浓水浓度的升高，电渗析膜的选择透过性降低，除盐率随之降低，甚至会造成沉淀。对于不同的原水水质和不同的离子交换膜，应当通过试验确定最佳浓缩倍数。

（6）电渗析器酸洗。电渗析器运行一段时间后，脱盐率明显下降，这时就应进行酸洗。酸洗周期一般为 1～2 个月，酸洗液为 1%～5% 的盐酸溶液，酸洗时间为 2h。

2. 维护

严格执行操作规程，定期进行倒极、酸洗和反冲洗，半年至一年解体清洗一次。开机前对本体进行一次冲洗。膜堆上禁止存放金属工具和杂物，以免短路烧坏膜堆。预处理设备应及时进行反冲洗，定期洗刷原水水池和清水水箱。

3. 保养

电渗析器可连续或间歇运行。停止运转时，本体中应经常充水，使膜保持湿润状态，防止干燥后收缩变形。较长时间不运行，最好将电渗析器拆卸后保养。

（五）反渗透装置运行管理

（1）对于 $10\mu m$ 或 $5\mu m$ 的过滤器，精密过滤器（保安过滤）。当过滤器进出口压差大于设定值（通常为 $0.05\sim0.07MPa$）时就应当更换。

（2）高压泵保护装置。高压泵进出口都装有高压和低压保护开关。供水量不足时高压泵入口水压会低于某一设定值，自动发出信号停止高压泵运转，使高压泵不在空转状况下运行。当误操作，其出口压力超过某设定值时，高压泵出口高压保护开关也会自动切断电源，使系统不在高压下运行。

（3）反渗透控制系统。其主要是控制高压泵的启动与停止，高压泵的起、停是通过反渗透后置的水箱液位的变化来控制的。

（4）反渗透清洗系统。反渗透膜经长期运行后，膜表面会积累一层难以冲洗掉、由微量盐分和有机物形成的污垢，造成膜组件性能下降，所以必须用酸进行清洗。反渗透系统一般设一台清洗药箱、不锈钢清洗泵和配管等组成自动清洗系统。

（5）反渗透装置停机时，因膜内部水已处于浓缩状态，易造成膜组件污染，需要用水冲洗膜表面。可用反渗透出水通过冲洗水泵进行清洗。

（6）维修与保养。每月检查泵头检测孔是否有物料流出。每 3 个月检查机械驱动部分运行声音是否异常。6 个月（或 1500h）清洗底阀和单向阀组件，检查流量稳定性。每年（或 3000h）更换底阀和单向止回阀阀球、阀座或阀体（视使用情况而定），更换隔膜和油封（视使用情况而定）。

三、典型案例

海伦市护伦村供水工程建于 2015 年，工程覆盖村屯 5 个，覆盖人口 2448 人。地下水中砂含量较大，并且铁锰含量超标，因此采用旋流除砂器＋两级除铁锰过滤罐的形式进行净化处理。

旋流除砂器型号为 DLXL－20，处理水量 $20m^3/h$，除砂率可达 98％。除铁锰过滤罐采用碳钢材质，直径 1600mm，采用喷淋曝气，滤料采用含锰量大于 35％ 的广西锰砂，滤料更换周期为 3 年，经处理后出水水质良好，设备运行稳定。

第二节　生活饮用水消毒

消毒是采用物理、化学或生物方法灭活水中病原体的过程。生活饮用水必须进行消毒，确保供水水质达到《生活饮用水卫生标准》（GB 5479—2022）。水的消毒应满足以下两个条件：一是在水进入配水管网前，必须灭活其中的病原体；二是自水进入管网起，到用水点以前，消毒作用一直保持到最不利的用水点处，防止在管网输水过程中病原体或细菌再度繁殖，产生二次污染。

一、消毒的基本要求

农村供水工程一般在水过滤后进入清水池前投加消毒剂，当原水中有机物或藻类较高时，可在混凝沉淀前和滤后同时投加。混凝沉淀前投加的目的是氧化水中有机物和杀灭藻类，去除水中的色、嗅、味。过滤后再次投加消毒剂的目的是进一步杀灭水中病原体或细菌。

水和消毒剂接触时间应在 30min 以上，出厂水保持游离性余氯在 0.3mg/L 以上时，才能对如伤寒、疟疾等肠道致病菌、钩端螺旋体、布氏杆菌等有杀灭作用。

采用加氯消毒工艺，消毒剂投加点设在清水池（箱）的进水管上，无水池时（箱）可在泵前或泵后管道中投加，但水与消毒剂应有 30min 的接触时间。

消毒是水净化的最后一道屏障，投加量过少或过多均不利于饮水安全。消毒剂的用量既要保证微生物的灭活，又要控制消毒所产生的副产物在允许范围内。采用滤前氧化和氯消毒时，氯的投加量一般为 1.0～2.0mg/L，滤后水或地下水的氯消毒，氯的投加量一般为 0.5～1.5mg/L，出厂水余氯不低于 0.3mg/L，管网末梢游离性余氯不低于0.05mg/L。

投加消毒剂的管道、设备及其配件，应采用无毒、耐腐蚀的材料。

农村供水工程常用消毒剂有液氯、次氯酸钠、漂粉精、漂白粉、二氧化氯，以及臭氧、紫外线等方法。

二、液氯消毒

将液氯汽化后通过加氯机投入水中完成氧化和消毒的方法称为液氯消毒法。

（一）液氯的消毒原理与特点

液氯易溶于水，与水生成次氯酸，并进一步离解成次氯酸离子与氯离子。氯消毒主要通过次氯酸（$HOCl$）的氧化作用，破坏细菌体内的酶，从而灭活细菌。液氯在常温常压下，极易汽化成氯气，呈黄绿色。在 0℃和 101.325kPa 时，每毫升约重 3.2mg，重量约为空气的 2.5 倍，因此当它在室内泄漏后，就会把空气排挤出去，并在室内累积起来。因此必须在加氯间较低位置设置排气扇。氯气有毒，使用时需注意人身安全，防止泄漏。

氯具有很强的氧化能力，消毒效果好，可同时去除水中的色、嗅、味和有机物。其不足之处是微污染水进行消毒时，会与水中有机物形成消毒副产物如三氯甲烷、卤乙酸等致突致变物。

（二）加氯量的确定

加氯量可按下式计算：

$$Q = 0.001q \cdot Q_1$$

式中　Q——加氯量，kg/h；

　　　q——最大投氯量，mg/L；

　　　Q_1——需消毒的水量，m³/h。

同样条件下，增加投氯量会提高消毒效果，但余氯也会增加，不仅浪费氯，而且水会有明显氯味。

（三）液氯消毒注意事项

（1）采用加氯机投加液氯，氯瓶内的液氯不能用尽，因为水倒灌进入钢瓶会引起爆炸。为防止水倒灌情况的发生，加氯间应有校核氯量的磅秤。

（2）在加氯过程中，一般把液氯钢瓶放在磅秤上，由钢瓶重量的变化来推断钢瓶内的氯量。液氯汽化要吸热，外界环境气温较低时，液氯汽化的产气量不足，可用 15～25℃温水淋洒氯钢瓶进行加热。但切忌用火烤，也不能使温度升得太高。

（3）当氯钢瓶因意外事故大量泄漏氯难以关闭阀门时，必须立即采取应急办法进行处理。小钢瓶可投入水池或河水中，让氯气溶解于水里，但这种方法会杀死水中的生物。另一种方法是把氯气接到碱性溶液中予以中和，每 100kg 氯约用 125kg 烧碱（氢氧化钠）或消石灰，或 300kg 纯碱（碳酸钠）。烧碱溶液用 30％浓度，消石灰溶液用 10％浓度，纯碱溶液用 25％浓度。在处理事故时，必须戴上防毒面具，保证操作者的人身绝对安全。

（四）液氯投加系统运行与维护

1. 液氯投加系统运行管理

（1）液氯投加系统应配备必要的压力表、台秤、加注计量仪表。运行人员必须熟悉并掌握加氯系统的各种设备、仪表、器具的性能与技术要求，严格按操作规程进行作业。

（2）农村供水工程使用的钢瓶大小要与水厂规模相匹配。小水厂一般不宜使用 40～100kg 钢瓶。一个液氯钢瓶使用时间以不超过 2 个月为好。

（3）使用、储存或已用完的液氯钢瓶不得被日光直晒，氯瓶的阀门在任何情况下都不得被水淋，要有避光、防雨设施。

（4）使用氯瓶时，瓶上应挂有"正常使用"的醒目标牌，当液氯钢瓶内的液氯剩余量为原装液氯重量 1％时，即应调换满装液氯钢瓶，以防水倒灌进入空氯瓶引起爆炸。

（5）根据出水量变化和用户对出厂水氯味的反馈，在保证符合《生活饮用水卫生标准》（GB 5749—2022）的前提下，适当调整加氯量。

2. 日常检查保养

（1）每天检查氯瓶针型阀是否泄氯（涂上氨水，如有泄氯，会冒出呛人的 NH_4Cl 白烟），发现异常及时处理。

（2）每天检查台秤是否准确，保持干净。

（3）每天检查加氯机工作是否正常，并检查弹簧膜阀、压力水设备、射流泵、压力表、转子流量计等工作状况。

（4）每天检查输氯管道、阀门是否漏气并维修。

（5）检查加氯间灭火工具及防毒面具放置位置及完好情况，检查碱池内碱液是否有效。

3. 定期维护

（1）每月清洗一次加氯机的转子流量计、射流泵、控制阀、压力表等。

（2）2～3 个月清通和检修一次输氯管道。每年涂漆一次。

（3）每年检查维修一次台秤，并校准。

（4）定期更换加氯机易损部件，如弹簧膜阀、安全阀、压力表等。

三、次氯酸钠消毒

（一）次氯酸钠制取

次氯酸钠（NaOCl）是一种强氧化剂，次氯酸钠发生器利用钛阳极电解食盐水溶液产生次氯酸钠 $NaCl + H_2O \longrightarrow NaOCl + H_2 \uparrow$ 再通过水解反应生成次氯酸，$NaOCl \longrightarrow Na^+ OCl^-$，$OCl^- + H_2O \rightleftharpoons HOCl + OH^-$。次氯酸钠具有与液氯相同的消毒作用，但效果不

如液氯。

次氯酸钠为淡黄色透明状液体，pH 值为 9.3～10，含有有效氯 6～11mg/mL。次氯酸钠所含的有效氯易受日光、温度的影响而分解，所以一般不宜储存，现场制取，就地投加。夏季应当天生产、当天用完。冬季储存时间不得超过一周，并应采取避光储存。次氯酸钠制取工艺操作简便，比投加液氯安全、可靠。

制取 1kg 有效氯，耗食盐 3～4.5kg，耗电量为 5～10kW·h 时，其成本较漂白粉低。电解时的盐水浓度以 3％～3.5％为宜，可降低电解槽电压，减少耗电量，并能延长次氯酸钠发生器钛阳极的使用寿命。但是食盐的利用率低，会使成本增加。

（二）次氯酸钠溶液的配投

次氯酸钠配投方式与一般药液投加方式相同。次氯酸钠发生器顶部一般设储液箱，当储液箱有足够的安装高度时，可采取重力投加。

采用水射器等压力投加时，与混凝剂、漂白粉液等的投加方式相同。

（三）运行与维护

（1）操作人员应严格按次氯酸钠发生器产品说明书和操作规程进行操作。应掌握一定浓度的次氯酸钠投加量与处理水量、出厂水允许余氯、供水管网末梢水余氯之间的关系和规律，以合理确定次氯酸钠加注量。

（2）配制盐水浓度每次必须相同，有专人负责。发生器电流、生产效率应固定。

（3）要经常注意电解液及冷却水的流通顺畅情况，观察各管道接头是否有漏液现象，防止对某些器件的腐蚀。运行中电解槽内会产生一些杂质，如 $CaCO_3$ 和 $Fe(OH)_3$ 等，一般需每周冲洗电解槽 1～2 次。

（4）根据产品说明书的要求，按时对发生器进行保养、检修，更换易损部件。每年对投加管道和附件进行一次恢复性修理。

（5）国内生产次氯酸钠发生器的厂家很多，型号也多。厂家应负责发生器设备安装和操作人员培训，这是选用设备生产厂家时必须考虑的前提条件。

四、漂白粉消毒

漂白粉消毒作用与液氯相同。市售漂白粉有效氯含量为 20％～30％，但漂白粉不稳定，易在光照和空气中发生水解，使有效氯减少。漂白粉消毒具有设施简单、投资少、药剂容易获取、使用方便等优点。漂白粉溶液投加点可设在入清水池管道上，也可直接将漂白粉澄清液投加在清水池中，适用于单村供水工程。

（一）漂白粉溶液配制

在装有漂白粉的溶药缸中加入少量水，调制成无块糯糊状，然后加水搅拌成 10％～15％的漂白粉溶液，即一包 50kg 的漂白粉需用 400～500kg 水配制。再加水搅拌配制成 1％～2％浓度的溶液，沉淀 4～24h，其上清液即可使用。池底的残渣还含有效氯 5％～7％，仍可继续加水搅拌制备漂白粉溶液。漂白粉溶液的每日配制次数不宜大于 3 次。

漂白粉的投加量：漂白粉投加量是根据出厂水余氯要求及漂白粉有效氯来计量控制。可按下式计算：

$$q = 0.1 \frac{Q \cdot a}{C}$$

式中　　Q——设计水量，$\mathrm{m^3/d}$；

　　　　a——最大加氯量，$\mathrm{mg/L}$；

　　　　C——漂白粉有效氯含量，%，$C=20\sim25$。

漂白粉投加量应以出厂水余氯量 $0.3\mathrm{mg/L}$ 为控制参数。单村供水工程也可按管网末梢水余氯量大于 $0.05\mathrm{mg/L}$ 为漂白粉投加量控制参数。

调制漂白粉时所用水量按下式计算：

$$Q_1=\frac{100Q}{b\cdot t\cdot n}$$

式中　　n——每日调制次数；

　　　　b——漂白粉溶液百分浓度，%，$b=1\sim2$；

　　　　t——每次调制漂白粉放水时间，s。

（二）运行与维护

（1）运行人员要注意摸索总结出厂水、管网末梢水余氯合格时，漂白粉溶液投加量与水厂出水量之间的关系和规律，以确定最适宜的漂白粉溶液投加量。

（2）漂白粉溶液投药箱（缸）应加盖密封，避免风吹、日晒，防止有效氯的损耗。每次漂白粉溶液使用完，应清理干净溶药箱（缸）。妥善处置废渣，避免环境污染和次生危害的产生；刷洗液可用于下次漂白粉溶液的配制。

（3）尽量做到溶药箱（缸）中漂白粉不结块，无结垢，及时彻底排渣。如发现管道堵塞或结垢，可用稀盐酸清洗。

（4）每日检查溶药和投药设备有无破损，检查水位机、搅拌机、阀门是否正常，并擦拭清洁。每月对投药管冲洗、疏通一次；定期对搅拌机进行维护。

（5）每年对投药设备做一次解体检查、更换易损部件，并进行防腐处理。

五、二氧化氯消毒

（一）二氧化氯的特点

二氧化氯是深绿色的气体，相对密度为 2.4，易溶于水，不与水发生化学反应，在水中的溶解度是氯的 5 倍。气态或液态二氧化氯都不稳定，属易燃易爆品，温度升高，暴露在阳光下或与某些有机物接触摩擦，都可能引起爆炸。但溶液浓度低于约 $10\mathrm{g/L}$ 时，就不致产生足够高的蒸汽压力而引起爆炸，一般用于水处理的浓度很少高于 $4\mathrm{g/L}$。为安全起见，二氧化氯消毒剂应在现场边制取、边投加。制取二氧化氯的原料氯酸盐等的运输条件要求低于液氯，可运往路况较差的农村地区。这种方法适用于农村供水工程。当处理微污染原水时，二氧化氯可作为氧化剂。当处理含藻水时，在常规处理工艺前投加二氧化氯可除藻。

二氧化氯为强氧化剂，氧化能力为液氯的 2.5 倍，能与水中很多无机物、有机物发生氧化还原反应，可去除水中部分有毒有害物质、臭味和色度，可杀灭水中各种细胞繁殖体，还能灭活病毒原虫和藻类等，是一种高效消毒剂。它不产生三卤甲烷等致癌物。但应高度重视二氧化氯产生的氯酸盐、亚氯酸盐等副产物对人体健康的影响。

（二）二氧化氯的制取

目前国产的二氧化氯发生器原料是氯酸盐或亚氯酸盐，即在酸性介质中，用还原剂盐酸还原氯酸盐或亚氯酸盐，盐酸还原氯酸盐产生二氧化氯为复合型，而盐酸还原亚氯酸盐产生的二氧化氯纯度高达 90％以上，反应方程式如下。

氯酸钠/盐酸法：

$$NaClO_3 + 2HCl =\!\!=\!\!= ClO_2 + \frac{1}{2}Cl_2 + NaCl + H_2O$$

亚氯酸钠/盐酸法：

$$5NaClO_2 + 4HCl =\!\!=\!\!= 5NaCl + 4ClO_2 + 2H_2O$$

（三）二氧化氯的投加量

二氧化氯的投加量与原水水质有关，需通过试验确定。当仅用作消毒时，一般投加 0.2～1.0mg/L。当兼用作氧化时，一般投加 0.5～1.5mg/L。投加量必须保证管网末梢有 0.05mg/L 的余氯。

（四）投加二氧化氯的安全事项

投加浓度必须控制在防爆浓度以下，通常二氧化氯水溶液浓度采用 6～8mg/L。空气中二氧化氯含量超过 10％、阳光直射、加热至 60℃以上均有爆炸的危险，因此，必须设置防爆措施。应避免高温、明火在库房内产生。每种药剂应设置单独的房间，在房间内设置监测和报警装置。工作间要通风良好，安装传感、报警装置。药液储藏室的门外应设置防护用具。不允许在工作区内从事维修工作。应选用安全性能好、能自动控制进料、具有自动/手动控制投加浓度、浓度上下限可人为设定、药液用完自动停泵报警的发生器。

（五）二氧化氯消毒设施运行与维护

（1）运行过程中要经常监测药剂溶液的浓度，现场要有测试设备。在进出水管线上设置流量监测仪，控制进出水流量，避免制成的二氧化氯溶液与空气接触，在空气中达到爆炸浓度。应严格按工艺要求操作，不能片面加快进料，盲目提高温度。

（2）严格控制二氧化氯投加量，当出水中氯酸盐或亚氯酸盐含量超过 0.7mg/L，应采取适当措施，降低二氧化氯的投加量。

（3）每天检查发生器系统部件，接口有无渗漏现象。定期停止运转，仔细检查系统中各部件。每年对管道、附件进行一次恢复性修理。

六、臭氧消毒

臭氧（O_3）是氧（O_2）的同素异形体，有很强的氧化性能和杀菌消毒作用，将臭氧投加于水中可以起到消毒效果。

（一）臭氧特性

臭氧分子式为 O_3，常温下是具有刺激性特殊气味、不稳定的淡蓝色气体。臭氧略溶于水，有极强的氧化能力，高于氯和二氧化氯，具有广谱杀灭微生物的作用。臭氧可以有效降低水中的化学耗氧量（COD）和生化需氧量（BOD）的浓度，有利于悬浮物的去除、杀灭水中各种细菌等。臭氧氧化作用还可将多种难以或不可生物降解的有机物转化为可生物降解的有机物，并可去除水中色、嗅、味，除藻、除酚，去除硫化物、亚硝酸盐等。但臭氧分子很不稳定，在常温下极易分解还原为氧气，在自来水 20℃时，它在水中持续时间很短，半衰期为 15～20min，无法维持管网持续的消毒效果。臭氧适用于不建清水池、配水管网较短的农村水厂。

臭氧属于有害气体，接触时间越长，对人体影响越大。空气中臭氧浓度的允许值为 $0.2mg/m^3$，当人体接触一定浓度臭氧产生不适的感觉后，换一个无臭氧的环境，不舒服的感觉就会消失。

（二）臭氧消毒原理

臭氧首先作用于细菌等微生物细胞膜，使膜受损伤而导致新陈代谢障碍，进而继续渗透细胞膜，破坏膜内脂蛋白和脂多糖，改变细胞的通透性，导致细胞溶解死亡。臭氧灭活病毒是直接破坏其核糖核酸（RNA）或脱氧核糖核酸（DNA）物质而完成的。

（三）臭氧消毒的运行与维护

（1）严格按产品说明书要求进行运行操作管理，空气中和水中臭氧浓度量测必须采用专用量测仪器（空气中臭氧量测浓度为 $1\sim50mg/L$；水中臭氧量测浓度为 $0.01\sim1.0mg/L$）。

（2）保持臭氧发生器系统及投加系统管道气、水通畅，阀门启闭灵活。每日检查发生器系统的部件、管道接口有无泄漏现象。严防跑、冒、滴、漏。消毒间内应无明显的臭氧气味，保持环境和设备清洁。

（3）定期保养、检修，每年对臭氧发生器、投加管道和附件进行一次恢复性修理。按时进行大修理，更换易损部件。

七、紫外线消毒

（一）紫外线消毒的特点

紫外线消毒是一种物理方法。主要是利用波长 $250\sim280nm$ 的紫外线，破坏微生物的基因物质，使细胞代谢繁殖发生紊乱，进而导致生长性细胞死亡和再生性细胞死亡，达到杀菌消毒的目的。

紫外线具有很高的杀菌光谱性，对光谱细菌、病毒杀伤力强。并能与水中的化合物作用，发生光化学反应而破坏有机物。在紫外线照射下，有机物化学键发生断裂而分解，不产生有害副产物。

利用紫外线对饮用水消毒，接触时间短，杀菌能力强，处理后的水无色、无味，设备简单，耗电少，便于实现自动化作业，有利于安全生产。这种方法的局限性是水中的悬浮物与胶体颗粒会阻挡、衰减紫外射线，影响杀菌效果。因此采用紫外线消毒时，浑浊度必须为≤3NTU。紫外线消毒的不足是无持续杀菌能力，不能防止水在管网中再度污染，只能现消毒现饮用，消毒费用稍高些。

紫外线消毒适用于单村水厂，特别是无清水池的小型工程。水从机井提升上来，经紫外线消毒后直接经不长的管网送到用水户。

（二）紫外线消毒的运行与保养

（1）根据紫外线灯管的使用期限和光强衰减规律。使用至紫外线灯管标记寿命的3/4时间时，即应更换灯管。有条件的应定期检测灯管的输出光强，没有条件的可逐日记录使用时间，以便判断是否达到使用期限。超过使用寿命的紫外线灯管即使仍发光，但可能已不具有有效杀菌的功能。

（2）运行中经常观察产品的窥视孔，确保紫外线灯管处于正常工作状态。但切勿直视紫外光源。暴露于紫外灯下工作时应穿防护服、戴防护眼镜。紫外线消毒器工作的房间应加强通风。水未放空的紫外消毒器，再次启用时，应先点亮 5min 后再通水。

（3）由于光化学作用，长期使用后，紫外线消毒器的石英玻璃套管与水接触部分会结垢，若不及时清洗，会降低紫外线的穿透能力，大大降低杀菌效果。沉淀在石英套管上的水垢主要成分为氧化铁、碳酸钙等。可按厂家说明，小心取出石英套管，用适量的清洗剂（如稀盐酸、柠檬酸等）清洗除垢。有的厂家在紫外线消毒器中安装了自动清洗除垢系统，当石英套管结垢后，自动检测的照射强度下降到一定程度，就会自动启动清洗系统，一般为一个月清洗一次。

八、农村供水工程水的消毒安全注意事项

（1）消毒剂的选择应根据当地市场供应、原水水质、工程设计规模和运行成本等技术经济条件比较，经论证后确定。臭氧、紫外线的消毒效果好，但成本相对较高，无持续消毒效果，一般仅适用于无清水池、供水规模小、管网短的农村水厂。消毒是水处理的最后一道屏障，投加量少或多均不利于饮水安全。应根据管网长短，合理控制消毒剂投加量。每种消毒剂使用的安全注意事项不同，应根据制备消毒剂的原料和消毒剂的性质分别制定操作规程，严格贯彻执行。消毒剂储备量不应大于 30d。

（2）液氯投加需配备专用设备，氯瓶内液氯不能用尽，防止水倒灌入钢瓶内引起爆炸。加氯间内应设磅秤，随时校核加氯量和氯瓶内剩余的液氯量。二氧化氯宜现场制备。采用氯酸钠和亚氯酸钠为原料的化学法制备，需用计量泵定量控制，掌握原料的转化率。要设气液分离装置，确保尽可能纯的二氧化氯加入水中，杜绝原料直接进入清水池。液氯、二氧化氯及其原料氯酸钠、亚氯酸钠均属易燃易爆化学品，消毒剂投加与仓库应设必要的安全措施。

（3）消毒剂均为氧化剂，投加消毒剂的管道及配件需采用耐腐蚀的材料，一般宜采用耐老化、无毒的塑料制品，如 ABS〔丙烯腈（A）、丁二烯（B）、苯乙烯（S）〕工程塑料、PPR（无规共聚聚丙烯）类管材等。

（4）消毒间一般应布置在靠近投加地点和水厂的下风口，消毒剂投加装置应与仓库分隔布置，必须有直接通向外部并向外开的门，应保持门的推拉方便灵活。应每天检查位于消毒间出入口的工具箱、抢修用具箱及防毒面具等是否齐全完好。定期检查设在室外的照明和通风设备开关启闭灵活。消毒间的管线应敷设在管沟内。投加消毒剂的压力水应保证足够的量和压力，尽可能保持压力稳定。消毒间要有良好的通风，液氯、二氧化氯等的比重大于空气，因此，排风口设在低处。

（5）消毒间应设报警器，当消毒剂浓度超过规定值时，自动报警。有条件的水厂应将通风设备与报警器联动。当出现少量泄漏时，自动打开排风扇。

九、典型案例

（一）克山县古城镇案例

克山县古城镇农村供水工程建于 2016 年，工程覆盖村屯 8 个，覆盖人口 2000 人。

由于输水管道较长，紫外线消毒器不能满足使用要求，该工程采用高纯二氧化氯加药消毒设备，仅需采购高纯二氧化氯粉剂，无须采购盐酸、亚氯酸钠等危险品来现场制备高纯二氧化氯消毒溶液，并且管网末梢余二氧化氯量符合国家标准，杀菌效果好。

高纯二氧化氯加药消毒技术说明：

1. 技术原理

高纯二氧化氯加药消毒设备采用自动投药技术、定量投加技术、缺料保护、水压保护、缺水保护、远程启停、计量泵控制、流量控制、余氯控制等技术，首先通过全自动溶解装置，将高纯二氧化氯消毒剂添加于水中后自动进行搅拌溶解配制成一定浓度的消毒药液，然后通过电磁计量泵精确计量后投加到所需消毒的饮用水中，计量泵的投加量可通过PLC（Programmable Logic Controller，可编程逻辑控制器）接受余氯分析仪、电磁流量计（在线测量处理水量）信号自动进行调节，无须人工调节计量泵的投加量，设备留有通信模块，可与客户中控室（上位机）连接，实现远程控制，实现无人值守的功能，并保证消毒后的微生物指标满足《生活饮用水卫生标准》（GB 5749—2022）要求。

2. 技术特点

一是安全，设备为完全密封设计。不会出现漏水、漏药状况；消毒剂溶解、反应快速；药液的投加采用进口计量泵精准计量、定比投加，从而保证了消毒的安全性。同时设备具有欠原料报警、防回流和防虹吸等多种安全措施。

二是高效，采用高纯二氧化氯消毒剂消毒，杀菌效果快、药剂投加量低，不影响处理后水的口感，设备可在1min之内将水中的大肠杆菌、细菌杀灭完毕，且不产生三卤甲烷致癌物，保证消毒后的水质达到国家饮用水消毒标准，并且管网末梢余二氧化氯量符合国家标准。

三是高自控性，PLC全自动智能型加药消毒器可接收流量计或余氯的信号，自动调节消毒剂的加药量，实现了定比列全自动精准投加，从而确保消毒效果、节约药剂成本。设备留有通信模块，可与客户中控室（上位机）连接，实现远程控制。

四是简易性，设备结构紧凑、占地面积小，管路布局合理清晰，现场安装灵活简便，适用性强。设备日常操作维护简单。

五是能自动溶解消毒药剂并定期搅拌消毒溶液，防止消毒液分层造成药箱内消毒剂浓度不均匀。无水停机的自动运行方式，可实现无人值守。

六是结实耐用，使用寿命超过10年。

七是性能优越，所有主要零部件均为国际著名品牌，保障了整机的优越性能。

（二）安达市任民镇裕民村李广升屯案例

安达市任民镇裕民村李广升屯农村供水工程建于2014年，工程覆盖村屯1个，覆盖人口230人。

由于输水管道较短，采用紫外线消毒器，具有使用方便、造价便宜等优点，普通型紫外线消毒器一般不带自动清洗装置，需要人工清洗紫外套管，专业性较强，拆卸容易损坏灯管，该工程采用自动清洗型紫外线消毒器，可以自动清洗紫外套管。

自动清洗型紫外线消毒技术说明：

1. 技术原理

自动清洗型紫外线消毒器主要有紫外灯管、紫外套管、不锈钢腔体、镇流器、自动清洗装置、电控箱等组成。

自动清洗装置具有自动清洗紫外套管上的水垢，防止因水垢而影响紫外线的穿透能力和杀菌能力。自动清洗装置通过紫外强度监测仪自动监测紫外强度，当紫外强度降低时，自动清洗装置的电机启动通过刮片将紫外套管上的水垢去除，从而恢复至原来的紫外强度，保证消毒效果。

2. 技术特点

一是高自控性，设备配有 PLC、触摸屏、紫外强度检测仪、温度传感器等仪表和控制元器件，能实现自动清洗紫外套管的功能。

二是采用进口紫外灯管，寿命可达 12000h，而同类国产紫外灯管寿命只有 5000～8000h。

三是结实耐用，除紫外灯管外，其余部分使用寿命可达 8～10 年。

四是无须任何原料，设备仅需耗电、无须其他任何化学原料。

五是解决了紫外线运行一段时间会后紫外套管表面结垢而影响杀菌效果问题。

六是解决了常规紫外线消毒器需要人工清洗的问题，降低了紫外线消毒器日常维护工作量。

第七章

输配水管道（网）、调节构筑物运行管理与泵站机电设备管理

第一节　输配水管道（网）的运行管理

一、输配水管道（网）的特点

输水管道是指从取水构筑物送原水至净水厂的管道，可分为重力输水和加压输水。其主要特点为输水流量沿程不发生变化，输水距离长短不一。

配水管道（网）是指从水厂或调节构筑物直接向用户分配水的管道。其主要特点是沿程随用户取用水管道流量和水压，发生变化，要通过工程、技术和管理措施保证用户对水量、水压的要求。配水管网可分为树枝状、环状和环支结合状三种形式。

输配水管道管理的对象，一是输配水管道（网）；二是管道上的附属设备与设施，如闸阀、空气（进排气）阀、止回阀、减压阀、泄水阀、消火栓、公用水栓、计量装置（水表）等设备，以及附属构筑物。

二、管道（网）的运行管理

（一）管道巡查

管道维护人员应按要求定期（1～2 次/周）对管线巡查，及时发现不安全因素并采取措施，保证安全供水。

1. 巡查工作内容

（1）管线上是否有未经批准的新建建筑物或重物堆放，防止管线被违法圈占、超出设计承载力的重压。

（2）与供水范围内所有施工单位协调配合，确定建筑物与给水管道的安全合理距离。重点巡查施工开槽对管线安全的影响，防止挖坏水管。

（3）注意有无在管线地表取土，或阀门井、消火栓等附属设施被土埋没现象，有无地面塌陷或阀门井出现缺损。

（4）重点巡查地表明露管线。雨后应及时检查过河明管有无挂草，阻碍水流或损坏管道现象；检查架空水管基础桩、墩有无下沉、腐朽、开裂现象；吊挂在桥上的管道，应检查吊件有无松动、锈蚀等现象；在寒冷地区，每年 9 月底以前需普查明露管道保温层有无破损现象。

（5）穿越铁路、高速公路或其他建筑物的管沟，凡设检查井的要定期开盖入内检查。

（6）检查有无私自接管现象。

2.巡查记录与考核

巡查人员工作，应按规定做好记录，认真填写工作日志，包括记录巡查情况、发现的问题和处理措施。以此为据，进行考核，并作为基础资料归档。

（二）管道检漏

1.检漏工作的重要性

管道输水过程中水的漏损是水厂运行中比较普遍存在的一个大问题，尤其是投产运行年代较长的水厂。水量的损失不仅是经济损失，而且会带来一系列次生灾害，如地面塌陷、房屋受损和农田盐碱化等。做好检漏工作，采取防漏措施，可节约水资源、降低成本、改善服务质量、保护环境。

2.检漏工作的要求

（1）人员上岗条件：责任心强，有良好的听力，有一定文化水平，有较强的判断分析能力，工作有耐心，培训实习后持证上岗。

（2）常用仪器：农村适宜选择价廉、方便、效果良好的仪器，如木制听漏棒，听漏饼机等。

（3）工作组织：分区分片，2人一组，专人专片，每个季度检测一次，夜间进行，听漏者要参与管道维修。

3.管道漏水的特征及其原因

（1）管道漏水的特征。

1）地面有积水或湿印痕迹，如路面有清水渗出、排水容井中有清水不断流出、局部路面下陷、晴天出现潮湿的路面、冬季局部路面积雪融化较早等现象，均可能是漏水所引起的。

2）供水量与售出水量差别较大，如果从水源处抽水量与用户所得到的水量差别较大，也可能是管网中漏水所致。

3）供水量正常，但末端水量不足，在正常供水量的情况下，管网的末端水压较小、水量不足，也可能是管网漏水引起的。

（2）管道漏水的原因。管道漏水的原因是多方面的，可归纳为以下几个方面。

1）材料质量因素。

a.管材、管件以及接头密封填料的质量低劣，铸造工艺不完备导致材料变脆，是造成管道漏水的主要原因。

b.塑料管埋于地下厚薄不匀或被石块挤坏，或由于管材库存期过长，在地面动荷载震动下，管道发生漏水。

c.承插式柔性接头的橡胶圈，因几何尺寸或材质不符合标准，使接口密封性被破坏或使用期缩短而引起漏水。

2）其他因素。

a.管道施工质量差，接口严密性不好，施工验收不合格，留下隐患。

b.管道因气温、土壤温度的变化而引起热胀冷缩，使刚性接口的管道接头发生松动。

c.因管道防腐处理不合格、致使锈蚀穿孔，发生漏水。

d. 管道由于遭受水冲而被破坏漏水。

4. 检漏方法

（1）被动检漏法。发现漏水溢出地面再去检修。当巡查发现局部地面下沉、泥土变湿、杂草茂盛、降雪先融或下水井、电缆井等有水流入而附近有给水管道时，说明有漏水可能，应仔细查找漏水点，或开挖覆盖土层查找。

（2）听音检漏法。

用木制听漏棒或听漏饼机，听测地面下管道漏水的声音，从而找出漏水地点。水从漏水小孔喷出的声音，频率居高（为 $500\sim800\mathrm{Hz}$），水从漏水大口喷出，频率居中（$100\sim250\mathrm{Hz}$）。

（3）区域装表测量法。此法对供水范围较小的村镇给水系统最为适用。干管或入村管上安装水表（总表），对总表与区内户表同日抄记，二者差值为漏出水量。可表前、表后、干管分别检漏。

（三）闸阀的运行、保养与维修

1. 闸阀的运行操作

（1）一般管网中闸阀只能全开或全关做启闭用。只有蝶阀可在允许范围内部分开启，作为调节流量、水压使用。

（2）管网中需同时关闭多个闸阀时，应先关闭水压高的一侧的阀门；需同时开启多个闸阀时，应先开启水压低的一侧的阀门。

（3）闸阀启闭应缓慢操作，记住转动圈数，注意阀门柄指示针指向位置。

（4）寒冷地区定时供水时，冬季停水后应及时打开泄水阀放空。

2. 闸阀保养

（1）保养频率。闸阀保养周期见表 7-1。

表 7-1 闸阀保养周期

闸 阀 位 置	保 养 次 数	保养内容与要求
输、配水干管上	1～2 年一次	闸阀启闭操作自如，无卡阻，无漏水，除锈刷漆
配水支管上	2～3 年一次	
经常浸泡在水中	每年不少于两次	

（2）空气（进排气）阀。至少 2 个月检查一次工作情况，检查浮球升降是否正常，有无粘连、漏水、锈蚀现象。每 1～2 年应解体清洗、维修一次。

（3）减压阀。经常检查上、下游水压有无振动情况，定期拆开阀体，检查磨损情况。

（4）泄水阀。定期开启，排水冲洗。

（5）消火栓。定期检查消火栓阀启闭灵活、保持良好的待用状态。

3. 闸阀的故障及维修

（1）阀杆密封填料磨损漏水。可拧紧压盖螺栓止漏，必要时应关闭闸阀，更换密封填料。

（2）阀门关不严。应拆开阀体，清除杂物或更换阀门。

（3）阀杆折断。扭矩超负荷所致，需要更换。

（4）阀杆顶端方棱磨圆、松动，可加焊打磨或更换。

（5）阀板与阀杆脱落，应解体，更换零件。

4. 阀门井内工作的安全知识

（1）阀门井为地下构筑物，其长期处于密闭状态，井内通风不良，氧气不足，加上可能有一些有机物腐败产生有毒气体，因此在揭开井盖后，维修人员不要立即下井作业，应先检查，并通气后再下井，以免发生窒息等人身事故。

（2）阀门井等地下设施要保持完好、清洁。

（四）管道的冲洗与消毒

（1）更新安装的管道试压合格后，在竣工验收前应进行冲洗消毒。

（2）冲洗水应清洁，浊度应在 10NTU 以下，流速不得小于 1m/s，连续冲洗，直至出水口水的浊度、色度与入水口进水相当为止。冲洗时应保持排水顺畅。

（3）冲洗后应使用氯离子含量 20～50mg/L 的消毒水浸泡管道 24h。若以漂白粉配制，可用 1kg 漂白粉（含 250～280g 有效氯）加 10m³ 清洁水的消毒水浸泡，然后再次冲洗，直到水质化验合格为止。

三、损坏管道的修复

输、配水管道破损是影响正常供水的常见问题。应确定位置及破损程度，分析原因，及时修复。

（一）管道损坏现象及其原因

管道损坏主要表现为折断、开裂、爆管、接头漏水、锈蚀、堵塞等。可从以下几个方面分析原因：①管材与接口质量问题；②施工与安装时硬伤留下的隐患；③由于操作不当引起水压过高产生的水锤作用；④静压超过管道允许压力产生的破坏；⑤气温急剧下降产生的冻害；⑥外部荷载过重、地面下沉、外界施工等造成的破坏。

（二）管道修复

农村供水工程给水管道发现损坏后，条件允许时，可全部或局部停水修复，按照管道施工与安装方法更换损坏的管材或管件；条件不允许暂停供水的工程，宜采用不停水修补。

1. 钢管的修理

漏水较少时，可用内衬胶皮的卡子把漏水孔堵住。锈蚀严重时需更换新管。焊缝漏水可先用凿子将漏水处焊缝捻实，如仍止不住漏，就需补焊。法兰漏水，可采取紧螺栓、换胶垫等方法。

2. 铸铁管的修理

对于纵向裂缝，应先在裂缝两端钻 6～13mm 的小孔，防止裂缝扩大延伸，然后用两合揣袖打口修理或用二合包管箍，拧紧螺栓密封止水。铸铁管上的砂眼或锈孔漏水，可上卡箍止漏。承插口漏水，如是胶圈接口，可将两端抬起拉开，更换胶圈；如为铅口，可把铅往里捻打或补打铅条；如为石棉水泥接口，可将接口内石棉剔除，分段随剔随补。

3. 塑料管的修理

（1）停水修理。当农村供水工程允许暂停供水时，可关闭总供水阀，停泵，停止全系统供水后，打开泄水阀，放掉管道内的存水进行停水维修。也可在检查确定损坏部位后，关闭其上游检修阀，停止损坏部位及下游管道供水，进行部分停水维修。修理时，应视管道损坏的严重程度，采取相应的工程技术措施。

1）更换新管段。直管段损坏严重时，应切除损坏的管段，更换一段新管，更换新管时，可采用以下方法与原管道连接。

第一种方法是套筒式活接头连接。具体步骤如下：先量出损坏管道长度，并在两端画好切割线，再用细齿锯条沿线锯断。切割时，切割面要平直，不可斜切。然后将管子内、外表面切口锉平。插入式接口端应削倒角，倒角一般为15°，倒角坡口成形后的管端厚度一般为管壁厚度的 $1/3\sim1/2$，然后插入准备好的相同长度的管子。插入管与原管道两端，可采用套筒式活接头，或生产厂家制造的专用连接配件，与管道柔性连接。这类管件一般可先套在连接处管端，待新换管段就位后，将其平移到位，进行连接。

第二种方法是粘接连接。其步骤如下。

第一步，要根据更换损坏管段的长度，加上两端承口的插入操作长度，准备两端带承口的插入管道揣袖，在原管道插口的两端，分别用铅笔画出将插入的承口操作长度，承口的操作长度见表7-2。

表 7-2　　　　　　　　　　　　承口操作长度　　　　　　　　　　单位：mm

管道公称外径 d_n	25	40	50	75	90	110	160	200
承口操作长度	40	55	63	72	84	102	150	180

第二步，将管端插口外侧和承口内侧擦拭干净，使粘接面清洁，无泥土、沙尘、油污或水迹，如果表面有油污，必须用棉纱蘸丙酮等清洁剂擦净。

第三步，粘接前，必须将承插口试插一次，将插口端轻插入承口，确认插入深度及松紧程度符合要求。

第四步，涂抹粘接剂，先涂承口内侧，后涂插口外侧，涂抹承口内侧时宜顺轴向由里向外抹涂均匀、适量，不得漏涂或涂抹过量，插口只涂划线以内的外表面。

第五步，涂抹粘接剂后，应迅速找正方向，对准轴线，把管端插入承口，边插入，边转动，并用力推挤至所画标线，然后继续用力揿压，口径小的管道（$d_n\leqslant50$mm）。揿压时间不小于30s，管道（$d_n>50$mm），不小于60s。

第六步，插接完毕后，应及时将接头外挤出的粘接剂擦拭干净，避免让连接管受力或强行加载，静止固化时间应不少于表7-3的规定。

2）更换管件。管道上的弯头、三通等管件损坏时，需更换新管件。更换时应切除管件及其连接的直管段，每端直管段切除的长度不宜小于0.5m。取出带连接直管段的损坏管件，将新管件先连接上相同长度的直管段，整体放入沟槽内，再在直管段之间用套筒式活接头等方法连接即可。

表 7-3　　　静止固化时间

d_n/mm	静止固化时间/min	
	粘接时环境温度18～40℃	粘接时环境温度5～18℃
≤50	20	30
>50	45	60

3）局部修理。管道接头渗水或管身有小孔、环向或纵向裂缝，均可采用二合包承口管箍或二合包管箍（两个半圆组成的拼装式管箍），用螺栓拧紧密封。管箍长度应比破损管段长度长0.3m，内垫密封胶垫厚度3mm即可。

轻微渗漏的 UPVC（硬聚氯乙烯）管道和管件，当破损不太严重，未影响结构安全时，可采用焊条焊接修补，焊补时必须保持焊接部位干燥，且环境温度不得低于 5℃。

（2）不停水修理。塑料管不停水修理，目前主要采用二合包拼装式管箍修理。挖开埋土，找出渗水、漏水或出现裂缝的损坏部位后，在损坏部分外部，包上垫有厚 3mm 的密封胶垫的二合包拼装式管箍，拧紧螺栓密封止水。管箍长度需比破损长度长 0.3m 以上。二合包拼装式管箍的形式及长度有一定规格，可用于直管及接头部位的维修，但对弯管、三通等管件部位难以应用。因此，不停水修理只能在能供应拼装式管箍产品的条件下采用。

四、管网上接装新用水户

为新报装的用水户接装入户管道，是水厂运行管理的经常工作之一，在农村一般可停水安装，必要时亦可不停水作业。

（一）停水安装

通常可采取分区停水、短时避高峰停水的办法进行施工。

1. 截管加三通

小口径金属管上接支管时，按需要定位截去长度包括三通、活箍、对丝的原管道，在原管两端套丝，然后上三通、对丝，最后用活箍与原管接通。

小口径塑料管上接支管时，可用金属管件或塑料管件，采用与金属管相同的方法操作，亦可用事先准备好的带承口的三通截断原管（长度不包括承口长度），将原管擦干净，做导角抹上粘接剂后插入承口中。

2. 钻孔接支管

在大口径管道（DN≥75mm）上接支管，需在原管上钻孔，孔径≤1/2 管外径（孔距≥7 倍管径），有条件时可将支管焊上，无法焊接时，可将预先制好的止水栓、分水鞍装在原管上连接支管。

管道弯曲段和弯头处不得开孔装支管。

（二）不停水安装

1. 小口径管道（DN≤25mm）接三通

截断原管，用木塞堵住管端后套丝，安装三通时拔下木塞带水作业。

2. 大口径管道（DN≥75mm）接支管

先定位，在原管上安装带支管的特制卡子，把水钻装在卡子上，搬动手柄，压下钻杆，把管壁钻透即可。

如有条件，宜采用专用设备，在原管上装可打孔和连接支管的立式止水栓。先清理开孔部位管道、擦洗干净，牢固装上立式止水栓，用配套钻钻孔，孔径比支管直径小 2mm，钻孔完成后退至原位。及时关闭止水栓上的阀门，再安装支管。

五、管网的图纸档案管理

给水管网埋设于地下，属隐蔽工程，必须保存完整的设计与施工图纸和资料档案，以便日常巡查、维护、检修、改扩建施工以及接装新用水户等使用。

有条件的农村供水工程，可逐步建立供水管网管理信息系统。

（一）管网技术档案

供水管道埋设于地下，属于隐蔽工程项目。它的设计、施工及验收情况，必须有完整的图纸和资料档案，以便在整个供水系统运行中做好日常管理和维护工作，更好地满足农民生活用水及工矿企业生产用水的需要，使供水系统发挥更大的作用。

（1）设计资料档案。设计资料档案包括管网初建和每次扩建、改造时的设计资料，主要包括设计任务书、初步设计、工程总平面图、管网水力计算图、管道平面布置图、纵断图、附属构筑物图等。

（2）竣工资料档案。管道竣工档案是管道工程开工、施工中及施工结束所形成的一系列的技术资料，作为今后管道管理工作的重要依据，它主要有以下内容。

1）管网的开工报告、竣工报告。

2）管道竣工平面图上标明节点的竣工坐标及大样、节点和附近其他设施的相对距离；管道纵断面上标明管顶竣工高程。

3）竣工情况说明。如施工单位、施工负责人、开工、完工日期；材料来源、规格、型号、数量；沟槽土质及地下水状况；和其他管沟及构筑物立交时的局部处理情况；工程存在隐患的处理及施工事故的有关说明。

4）各管段水压试验记录，隐蔽工程中间验收记录，全线工程的竣工验收记录。

5）工程预算、决算资料。

6）设计图纸修改及工程变更凭证。

（3）原有管道拆除、报废记录。

（4）历次测压记录。

（5）用户接装管道技术资料。

（6）管道爆管、损坏、维修记录资料。

（二）管网现状图

比例尺应大于或等于1/500，可分幅绘制，发生较大变化时应及时修改补充。图中应标注管道位置、管径、材质、节点号和坐标、埋深、闸阀、水表、消火栓位置、用户接管位置等。

（三）设备卡片

设备卡片主要包括闸阀卡片、减压阀卡片、空气（进排气）阀卡片、消火栓卡片、村的总水表与用户水表卡片等。

闸阀卡片需按闸阀编号建卡，卡片上填写编号、位置坐标、口径、型号、生产厂家、出厂日期、检修记录等。

第二节 调节构筑物的运行管理

为满足供水系统的制水和供水区的逐时用水量变化，在农村供水系统中设置调节构筑物是十分必要的。调节构筑物除了平衡供水与用水的负荷变化，另一重要作用是满足消毒接触时间的需要。农村供水工程供水系统中的调节构筑物主要有清水箱（池）和高位水箱（池）。清水箱（池）与高位水箱（池）的建造形式相同，只是相对高度不同，运行管理任务与要求基本相同。

一、清水箱（池）的构造

清水箱（池）必须装设水位计，并定时观测。经常检查水位显示装置，要求显示清楚、灵活准确。

清水池常用钢筋混凝土、预应力钢筋混凝土或砖、石建造，其中尤以钢筋混凝土水池使用较广。清水池的主要附属设施有进水管、出水管、溢流管、透气孔、检修孔、导流墙等，如图7-1所示。清水池的形状，可以是圆形，也可以是方形、矩形。清水箱（池）常用不锈钢或玻璃钢，形状为矩形。

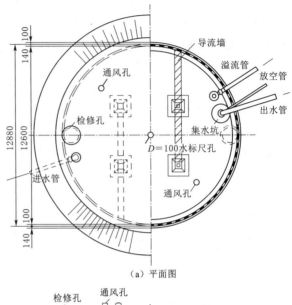

（a）平面图

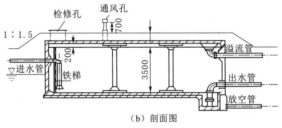

（b）剖面图

图7-1　清水池示意图

二、清水箱（池）的运行、保养与维护

（一）运行

（1）水箱（池）严禁超越上限水位或下限水位运行，每个水箱（池）都应根据本工程的具体情况，制定水箱（池）的允许水位上限和下限，超上限易发生溢流，浪费水，低于下限可能吸出箱（池）底沉泥，影响出厂水质，甚至抽空水池而使系统断水。

（2）定期检查水箱（池）的进、出水管及闸门，要求管道通畅，无渗漏。闸门启闭灵活．螺栓、螺母齐全，无锈蚀。

（3）水箱（池）顶上不得堆放可能污染水质的物品和杂物，也不得堆放重物。水池顶上种植植物时，严禁施用各种肥料和农药。

（4）水箱（池）的检查孔、通气孔、溢流管都应有卫生防护措施，以防昆虫、动物等进入水池污染水质。水箱（池）顶部应高于池周围地面，至少溢流口不会受到池外水流入的威胁。

（5）水箱（池）的排空管、溢流管道严禁直接与下水道联通。排水出路应妥善安排，不得给周围村庄或农田造成不良影响。水箱（池）应定期排空清洗，清洗完毕经消毒合格后方可再蓄水运行。

（6）汛期应保持水池四周排水出路通畅，防止雨洪或污水污染池内水质。

（7）经常检查水池的覆土与护坡，保证覆土厚度。定期检查避雷装置，要求完整良好，保证运行安全。

（二）保养与维护

（1）定期清理溢流口、排水口，保持清水箱（池）的环境整洁。定期对水位计进行检查，滑轮上油，保证水位计的灵活、准确。电传水位计应根据其规定的检定周期进行检定；机械传动水位计宜每年校对和检修一次。

（2）每年刷洗一次水箱（池）。刷洗前池内下限水位以上的水可以继续供入管网，至下限水位时应停止向管网供水，下限水位以下的水应从排空阀排出池外。

（3）水箱（池）刷洗后，应进行消毒处理，合格后方可蓄水运行。

（4）地下清水池所在地的地下水位较高时，如设计中未考虑排空抗浮，清洗时应采取相应降低地下水位的措施，防止清水池在刷洗过程中因地下水上浮力造成的移位损坏。

（5）应每月对阀门检修一次；每季度对长期开或长期关的阀门活动操作一次，检修一次水位计。水池顶和周围的草地、绿化应定期修剪，保持整洁美观。1～3 年对水池内壁、池底、池顶、通气孔、水位计、爬梯、水池伸缩缝检查修理一次，阀门解体修理一次，金属件油漆一次。每 5 年将闸阀阀体解体，更换易损部件，对池底、池顶、池壁、伸缩缝进行全面检查，修补裂缝等损坏的部位；更换各种老化的损坏的管件。

（6）水池大修后，必须进行清水池满水渗漏试验，渗水量应按设计上限水位（满水水位）以下浸润的池壁和池底的总面积计算，钢筋混凝土水池渗漏水量每平方米每天不得超过 2L，砖石砌体水池不得超过 3L。在满水试验时，应对水池地上部分进行外观检查，发现漏水、渗水时，进行修补。

第三节　水泵运行与维护

一、水泵的结构与主要性能参数

（一）水泵的结构

1. 水泵的分类

按水泵的结构和工作原理可将水泵分为叶片泵、容积泵和其他形式泵三大类。农村供水工程中应用最广泛的是叶片泵。叶片泵是利用带叶片的叶轮高速旋转时产生的力来工作的。按叶轮旋转时对水作用力的不同，其又可分为离心泵、轴流泵和混流泵三种。

2. 离心泵的结构

离心泵在运转时，叶轮中充满的水随同叶轮一起旋转，旋转所产生的离心力将水甩往水泵蜗壳的四周，然后沿出水管压出水泵出水口，同时叶轮中心因水被抛出而产生负压，进水池中的水在大气压力作用下，源源不断地流向叶轮中心，进行补充。离心泵的品种及规格繁多，结构形式各异。

离心泵由叶轮、吸入室和压出室等过流部件，以及密封、轴向力平衡元件、转子支承和传动等辅助零部件组成，单级泵只装有一个叶轮。单级单吸悬臂式离心泵、单级双吸中开离心泵结构如图 7-2 和图 7-3 所示。

多级离心泵装有 2 个或 2 个以上叶轮，特点是扬程高。图 7-4、图 7-5 分别为水厂常用的立式节段式多级泵、卧式节段式多级泵结构示意图。图 7-6 为井用潜水电泵结构示意。

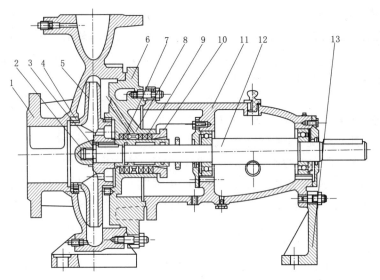

图 7-2 单级单吸悬臂式离心泵

1—泵体；2—叶轮螺母；3—止动垫圈；4—密封环；5—叶轮；6—泵盖；7—轴套；

8—填料环；9—填料；10—填料压盖；11—悬架；12—轴；13—支架

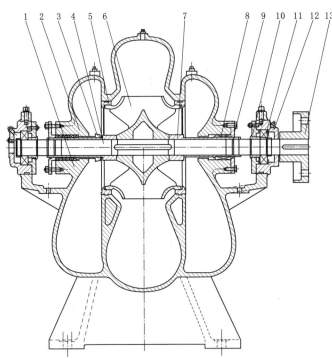

图 7-3 单级双吸中开离心泵

1—泵体；2—泵盖；3—填料套；4—轴；5—密封环；6—叶轮；

7—轴套；8—机械密封（填料）；9—填料（机封）压盖；

10—轴承压盖；11—轴承；12—轴承体；13—联轴器

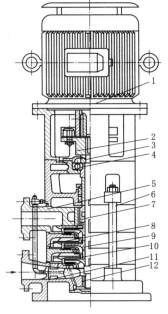

图 7-4 立式节段式多级泵（DL 型）

1—电动机；2—联轴器；3—轴；4—轴承；

5—压出段；6—拉紧螺栓；7—平衡鼓；

8—中段；9—叶轮；10—导叶；

11—吸入段；12—导轴承

3. 轴流泵、混流泵结构

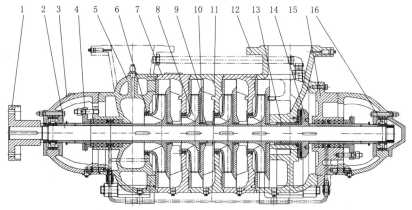

图 7-5 卧式节段式多级泵

1—联轴器；2—轴；3—轴承体部件；4—填料压盖；5—吸入段；6—密封环；7—中段；8—叶轮；9—导叶；

10—导叶套；11—水封管；12—出水段；13—平衡套；14—平衡盘；15—填料函体；16—轴承

轴流泵叶轮的特点是水流沿着水泵轴线方向进水，沿着轴线方向出水；混流泵叶轮的特点是沿着轴向进水，出水方向与轴线成一定夹角。轴流泵和混流泵属于低扬程大流量泵，少数农村供水工程有使用。图 7-7 和图 7-8 是立式轴流泵、蜗壳式混流泵的结构示意图。

（二）水泵的主要性能参数

水泵的性能参数主要有流量、扬程、功率、效率、汽蚀余量、转速等。

1. 流量

流量是指单位时间内水泵所输送的水体积或质量，流量单位用 Q 表示，用体积表示的单位为 L/s、m^3/s 或 m^3/h，用重量表示的单位为 kg/s 或 t/h。各单位之间的换算关系是 $1m^3/s＝1000L/s＝3600m^3/h$。

水泵运行时，从泵出口实际流出的流量称实际流量。水泵铭牌上标示的流量是该台水泵的设计流量，又称额定流量，水泵在该流量下运行，效率最高。如果实际流量偏离额定流量太多，效率会明显降低，为了节省能源、降低运行成本，应尽量使水泵在额定流量状况下运行。

2. 扬程

扬程是指单位重量的水体从水泵进口到出

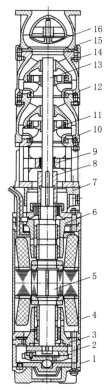

图 7-6 QJ型井用潜水电泵

1—底座组装；2—止推轴承组装；3—下导轴承组装；

4—下导轴承组装；5—定子组装；6—上导轴承组装；

7—连接架组装；8—联轴器组装；9—导轴承；

10—导流壳；11—叶轮；12—上导流壳；

13—泵轴；14—双头锣柱；15—阀体；

16—逆止阀组装

口所增加的能量，即水泵能扬水的高度，扬程用 H 表示，单位是 m。

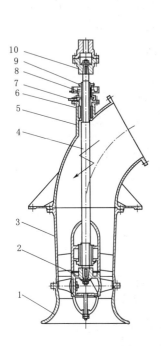

图 7－7 立式轴流泵

1—进水喇叭；2—叶轮部件；
3—导叶体；4—轴；5—出水
弯管；6—橡胶轴承；7—填
料函；8—填料；9—填料
压盖；10—联轴器

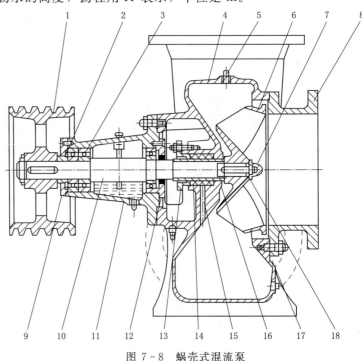

图 7－8 蜗壳式混流泵

1—皮带轮（或联轴器）；2—挡套；3—轴承；4—泵体；5—丝堵；
6—叶轮；7—叶轮螺母；8—泵盖；9—后盖；10—泵轴；11—轴承体；
12—前盖；13—填料压盖；14—填料；15—填料环；16—轴套；
17—纸垫；18—叶轮螺母垫

为了监测水泵机组的运行状况，要在水泵进出口断面上下游 2 倍管径距离处分别安装真空表和压力表，通过仪表读数便可得知水泵机组工作状态下的扬程。水泵铭牌上标示的扬程是该台水泵通过设计流量时的设计扬程，又称额定扬程。扬程与流量的关系是：随着水泵流量的增加，扬程逐渐减小。在水泵性能曲线上，离心泵的扬程曲线减小较平缓，而轴流泵的扬程曲线下降较陡。

3. 功率

功率是指水泵在单位时间内所做功的大小，常用单位是 kW 或 hp，1kW＝1.36hp。水泵的功率可分为有效功率和轴功率。有效功率又称输出功率，指水流流经水泵时实际所得到的功率。轴功率又称输入功率，指动力机传给泵轴的功率。水泵铭牌上标示的轴功率是指对应于通过设计流量时的功率，又称额定功率。

4. 效率

水泵对水做功，泵内水流存在摩擦冲击与局部阻力等能量损耗，水泵不能百分之百地将动力机输入的功率转化为水流的能量。效率是表征水泵对输入功率或能量的利用程度的指标参数，即有效功率与轴功率之比，用 η 表示，单位是％。水泵铭牌上标示的效率是对应于通过设计流量时的效率，它是该水泵的最高效率。提高水泵效率对节约能源，降低运行成本，提高水厂经济效益意义重大。从水泵加工制造来说，主要措施包括：改进水力模型、选用优良材质、提高加工精度和装配质量等；从生产使用者来说，应通过合理选择泵型，保证安装质量，合理调节水泵运行工况，加强水泵使用维护管理，尽量使水泵运行在高效工况区。

5. 汽蚀余量

水中溶解有一定量的气体，当高速水流的压力低于一定值时，溶解的气体就会分离出来形成气泡，这个值称为饱和蒸汽压（也称汽化压力）。气泡变大并在水流中游走，到达高压区时，气泡在高压的作用下破裂，周围的液体补充气泡原来所占用的空间，这样就会形成局部真空，其他部位的水继续补充，并在压差作用下形成水的冲击。这个冲击力非常大，可达几十甚至几百兆帕。这种由于局部压力变化导致的气泡产生、发展、破灭的现象称为汽蚀现象。

水泵长时间运行于汽蚀工况下，会出现震动、噪声大、过流部件的定叶轮剥蚀损坏、性能下降等问题。严重时，甚至被迫停机，水泵提前报废。

为了避免汽蚀问题的产生，就应当控制泵内不产生气泡，并使泵内任何部位的水流压力都高于水的汽化压力，关键是合理确定水泵的安装高程，控制水泵进口处真空表读数在水泵铭牌上规定的允许吸上真空高度之内。泵进出口处具有的超过饱和汽化压力水头的最小能量称为必需汽蚀余量，用 $NPSHr$ 表示，该值越小，表示水泵的抗汽蚀性越好，它可从生产厂家提供的水泵 Q - $NPSHr$ 性能曲线表上查得，作为计算安装高程的依据。

6. 转速

转速是泵轴每分钟旋转的次数，用符号 n 表示，单位一般用 r/min。水泵铭牌上的转速是该台水泵的设计转速，又称额定转速。转速也是影响水泵性能的重要参数之一，当转速发生变化，水泵的其他性能参数都会相应地发生变化。

7. 水泵的特性曲线

将流量 Q、扬程 H、效率 η、轴功率 Pa、必需汽蚀余量 $NPSHr$ 等的对应关系画成曲线，即为水泵的特性曲线图，如图 7-9 所示。

二、水泵的运行

作为水厂的关键设备之一，水泵必须始终保持良好的技术状态。其主要表现在：水泵的结构完整，安装正确，零部件技术条件完好；扬程、流量、效率、吸程和汽蚀性能等参数满足设计使用要求。一般来说，只要水泵选型合理，使用维护得当，这些要求都可以达到。

（一）水泵开机前的检查

安装完毕或刚刚经过检修以及长期停用的水泵、投入运行前应按安装或检修规章制度要求，对各项技术指标与设备状况进行认真检查，并在运行前做好下列准备工作，确信水泵各部件都处在正常状态，方可开机运行。

（1）盘车检查，用手慢慢转动联轴器或皮带轴，查看水泵转动部分是否灵活或受阻，皮带松紧是否合适，填料函松紧是否适宜，轴承有无松紧不均或杂音。

（2）检查轴承中的润滑油是否清洁和适量，用水冷却的轴承，应开启轴承冷却水管。

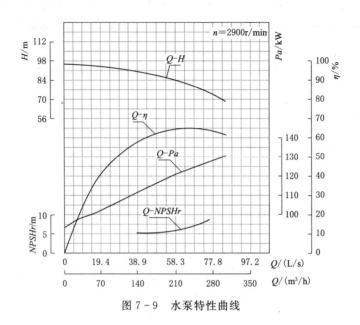

图 7-9　水泵特性曲线

（3）检查水泵与动力机地脚螺栓、联轴器螺栓等是否紧固。

（4）检查并清除进水池，尤其是拦污栅前的水草等杂物，查看进水池水位是否处在设计要求值左右，水泵吸水管淹没深度是否符合要求。

（5）如果是第一次启用或重新安装的水泵，应检查其旋转方向是否正确。

（二）水泵的开机与停机

对于离心泵与蜗壳式混流泵装置，一般为关阀启动。其具体步骤是：先关闭出水管路闸阀和水泵进出口处仪表（真空表、压力表）以及泵体下部放水孔，然后进行充水，使泵体、吸水管路内全部充满水，再启动电动机，待转速达到额定值后，旋开压力表，观察其指针是否正常偏转。如指针偏转正常，再缓慢开启出水管路上的闸阀，使水泵压力表达到额定工作压力，完成开机过程。此外，真空表和压力表在不用时应关掉。如指针不偏转，要立即停机，查找原因排除故障后再启动。

对于立式轴流泵和导叶式混流泵，均为开阀启动。一般先注水，用水润滑橡胶导轴承，接着即可启动动力机，待转速达到额定值后，停止注水，水泵即转入正常运行。

离心泵与轴流泵的停机操作方法也不同。离心泵停机的步骤稍许有些复杂，具体步骤是：先关闭压力表和闸阀，使动力机处于轻载状态；然后关闭真空表，最后停机。如隔几天才再开机运行，或者冬季低温下长期停机，一定要将泵内与管路中的余水放空，防止零部件长时间浸水生锈或冻坏；如是短时间停机，可不用放空余水。停机放空的离心泵装置的仪表开关要打开，使指针复位。轴流泵停机较简单，关停动力机即可。

（三）水泵运行中的注意事项

水泵运行中，操作人员要坚守岗位，严格执行操作规程，做好巡查监测，认真填写运行日志，及时发现并排除故障，确保水厂正常生产。运行日志参考格式见表 7-4 和表 7-5。

表7-4

泵站运行日志参考格式（一）

机组号：　　水泵型号：　　电动机型号：

年　月　日

统计数据 时间	温度/℃		泵站进出口 水位/m		水泵进出口 压力/Pa		水泵			电动机					电流频率 /Hz	电度表读数 /(kW·h)	变压器		
	室内	室外	进口	出口	真空表	压力表	流量 /(m³/s)	扬程 /m	轴承温度 /℃	电压 /V	电流 /A	功率 /W	定子温度 /℃	轴承温度 /℃			油位 /m	油温 ℃	电流/A
8：00																			
10：00																			
...																			

表7-5

泵站运行日志参考格式（二）

统计数据 时间	0：00—8：00	8：00—16：00	16：00—24：00
班次耗电/(kW·h)			
累计耗电/(kW·h)			
班次抽水/m³			
累计抽水/m³			
备　注	事故记录		
	运行状况		...
	值班长（签字）		
	值班人员（签字）		

（1）随时监听水泵振动、声响情况，如噪声过大或出现异常声音，应查明原因并消除之。

（2）经常检查轴承温升和润滑油的油质、油位等情况，这两者之间有密切关系。如水泵轴承未装温度计，可经常用手触摸轴承外壳，如果太烫、手背不能接触，表明轴承温度可能过高，这会造成润滑油质分解，摩擦面油膜破坏，润滑失效。一般滑动轴承每运行200～300h后应换一次润滑油，滚动轴承每运行1500h应清洗一次。

（3）随时注意真空表、压力表指针指示是否正常，如有剧烈变化等情况，应分析查找原因，并设法排除故障。

（4）注意轴封填料的滴水情况，一般以连续滴水为宜。

（5）经常注意进水管路，查看有无漏气现象。

（6）经常查看进水池水位变化和池内是否有过多漂浮物，当出现池水位过低、池中有漩涡时，可用漂放木板等办法消除之。

（7）轴流泵和导叶式混流泵应经常检查橡胶导轴承的磨损情况，如发现磨损量过大，应及时更换。

（8）皮带传动的机组应经常保持皮带工作面的清洁干燥。

三、水泵运行故障分析与处理

水泵运行中常见的故障大体可分为水力故障和机械故障两大类。其产生原因主要可归结为生产厂家制造时产生的质量缺陷、水厂设计时水泵选型不合理、施工安装不符合标准规范或设计要求，以及运行维护操作不当等因素。表7-6和表7-7列出了各种可能发生的故障现象、原因分析和处理措施。

表7-6　　　　　　　　　离心泵及蜗壳式混流泵常见故障原因及处理措施

故障现象	原 因 分 析	处 理 措 施
水泵不出水	1. 充气不足或泵内空气未抽完	1. 继续充水或抽气（检查真空泵抽气是否正常）
	2. 总扬程超过额定值较多	2. 改变装置位置，改进管路装置，降低总扬程
	3. 进水管路漏气	3. 用火焰法检查，并堵塞之
	4. 水泵叶轮转向不对	4. 改变叶轮旋转方向
	5. 进水口或叶轮槽道内被杂物堵塞，底阀不灵活或锈住	5. 停机后清除杂物或除锈
	6. 水泵转速过低	6. 用转速表检查，进行转速配套
	7. 吸水扬程太大	7. 降低水泵安装位置
	8. 叶轮严重损坏	8. 更换新叶轮
	9. 轴封填料函严重漏气	9. 紧压盖螺栓，紧压填料或更换填料
	10. 叶轮螺母松脱及键脱出	10. 拆开泵体修复紧固
水泵出水量不足	1. 进水口淹没深度不够，泵内吸入空气	1. 增加进水管长度，或在水管周围靠水面处套一块木板，阻止空气被吸入
	2. 进水管接口处漏气	2. 重新安装，使接口严密，或堵塞漏气处

续表

故障现象	原 因 分 析	处 理 措 施
水泵出水量不足	3. 进水管路或叶轮内有水草等杂物	3. 停机后设法清除水草杂物,进水口加设拦污栅(网)
	4. 扬程太高	4. 调整泵型,使扬程配套
	5. 转速不足	5. 调整机泵传动化,或调节皮带松紧度
	6. 减漏环或叶轮磨损过多	6. 更换减漏环或叶轮
	7. 动力机功率不足,转速减慢	7. 加大配套动力,或更换动力机
	8. 闸阀开得不足或逆止阀被堵塞	8. 加大闸阀开启程度,清除逆止阀杂物
	9. 轴封填料函漏气	9. 旋紧压盖螺母,或更换填料
	10. 叶轮局部损坏	10. 更换或修复叶轮
	11. 吸水扬程太高	11. 降低水泵安装高度或减小吸水管路水头损失
耗用功率太大	1. 转速太高	1. 调整降低转速
	2. 泵轴弯曲.轴承磨损或损坏过多	2. 拆卸后调直泵轴,更换轴承
	3. 填料压盖过紧	3. 旋松压盖螺母或将填料取出打扁一些
	4. 叶轮与泵壳有局部卡擦	4. 调整叶轮位置,使其保持一定间隙
	5. 流量.扬程超过规定范围	5. 关小出水管路闸阀,减小水泵流量
	6. 直联机组轴心不准,间接传动机组皮带过紧	6. 校正轴心位置,调整皮带松紧度
	7. 叶轮螺母松脱,使叶轮与泵壳卡擦	7. 停机拆开,紧固叶轮螺母
水泵有杂音和振动	1. 底脚螺栓松动	1. 旋紧
	2. 叶轮损坏或局部阻塞	2. 更换叶轮或清理阻塞物
	3. 泵轴弯曲.轴承磨损严重	3. 拆开水泵,校正泵轴,更换轴承
	4. 直联机组轴心未对准	4. 调整动力机位置,使其对正
	5. 吸水扬程过高,引起汽蚀	5. 降低水泵安装高程
	6. 泵内有杂物	6. 拆开泵体、清理去除杂物
	7. 进水管路漏气	7. 查找漏气原因
	8. 进水管口淹没深度不够,吸进空气	8. 加长进水管,增加淹没深度或加木盖灭涡
	9. 叶轮.皮带轮或联轴器上螺母松动	9. 设法紧固
	10. 叶轮重量不平衡,产生附加离心力	10. 拆下叶轮,做静平衡试验,并调整
轴承发热	1. 润滑油量不足,漏油太多或油环不转	1. 加油.修理.调整
	2. 润滑油质量差或不清洁	2. 更换合格的润滑油,并用煤油清洗轴承
	3. 皮带太紧	3. 适当放松
	4. 轴承装配不正确或间隙不当	4. 调整.修正
	5. 轴泵弯曲或直联机组轴心不同心	5. 拆下泵轴调直,调整动力机位置,使轴心对准
	6. 轴向推力太大,由摩擦引起发热	6. 注意叶轮平衡孔的疏通(指有平衡孔的泵)
	7. 轴承损坏	7. 更换轴承

续表

故障现象	原　因　分　析	处　理　措　施
填料函发热或漏水过多	1. 压盖过紧	1. 松开压盖螺母，调整到有一点点水漏出为止
	2. 水封环放置有误	2. 拆开重新装配，使水封环对准水封管口
	3. 填料或轴套磨损过多	3. 更换填料或轴套
	4. 填料质量差	4. 用合格的填料（为棉质方形、浸入牛油中煮透，外涂铅粉）
	5. 轴承磨损量大	5. 更换轴承
水泵在运行中突然停止出水	1. 进水管路突然被杂物堵塞	1. 停机后清除堵塞物
	2. 叶轮被吸入杂物打坏	2. 停机拆开更换叶轮
	3. 进水管口吸入大量空气	3. 加大进水管口淹没深度或用木板盖住灭涡
泵轴被卡死转不动	1. 叶轮与减漏环间隙太小或不均匀	1. 修理或更换减漏环
	2. 泵轴弯曲	2. 拆下后调直泵轴
	3. 填料与泵轴发生干摩擦发热膨胀	3. 向泵壳灌水，待冷却后再启动
	4. 泵轴被锈住，轴承壳失圆或填料压盖过紧	4. 应检修，松开压盖螺母，使其适度
	5. 轴承损坏被金属碎片卡住	5. 更换轴承，并清除碎片

表 7-7　　　　　　　　轴流泵及导叶式混流泵运行中故障原因及处理措施

故障现象	原　因　分　析	排　除　措　施
动力机超载	1. 扬程过高；出水管路有阻塞物或拍门卡住未全开	1. 增加动力；清理出水管路；拉开拍门
	2. 水泵转速超过规定值	2. 重新进行转速配套
	3. 橡胶导轴承磨损，叶片外缘与泵壳内壁卡擦	3. 更换橡胶轴承，检查叶片磨损情况，重新调整安装
	4. 叶轮上缠有水草杂物	4. 停机回水冲刷杂物，在进水池加设拦污栅
	5. 叶片安装角度超过规定	5. 调整叶片安装角度，使轴功率与动力相适应
	6. 叶片紧固螺栓松动，叶片角度走动	6. 调整叶片角度后，旋紧螺栓
水泵出水量减少	1. 叶片外圆磨损或叶片部分被击碎	1. 拆开后更换叶片
	2. 扬程过高	2. 检查出水管路有无堵塞现象，设法调节扬程
	3. 安装偏高，叶轮淹没深度不够	3. 降低水泵安装高程
	4. 水泵转速未达额定值	4. 调换动力机或重新设计转动比，提高转速
	5. 叶片安装角度偏小	5. 调大叶片安装角度
	6. 叶片上缠绕水草杂物	6. 停机回水冲刷清除杂质，在进水池内设拦污栅
	7. 进水池不符合设计要求	7. 水池过小应放大；机组间距太小，互相抢水，加隔板；悬空高度不足，应加大

续表

故障现象	原 因 分 析	排 除 措 施
水泵运转有杂音或振动	1. 叶片与泵壳内壁有碰擦	1. 调整叶轮与泵轴的垂直度
	2. 泵轴与转动轴不同心或弯曲	2. 先把两轴拆下调直，后找准同心
	3. 泵体与机座底脚螺栓松动动	3. 检查并拧紧底脚螺丝
	4. 部分叶片被击碎或脱落	4. 拆下损坏叶片，更换叶片
	5. 叶片上缠绕水草杂物	5. 停机回水冲刷清除杂草，在进水池内设拦污栅
	6. 叶片安装角不一致	6. 校正每个叶片安装角，使其一致
	7. 水泵梁振动大	7. 检查水泵安装位置，如正确后还是振动，可用斜撑加固大梁
	8. 进水流态不稳定，产生漩涡	8. 降低水泵安装高程，后墙与泵体间加隔板；同一水池内各泵间加隔板
	9. 刚性联轴四周间隙不一致	9. 用调节联轴螺栓校正四周松紧度，使其均匀一致
	10. 轴承损坏严重	10. 更换轴承
	11. 橡胶导轴承紧固螺栓松动脱落	11. 及时修复
	12. 叶轮拼紧螺母松	12. 拧紧所有螺母
水泵不出水	1. 叶轮反转或叶片装反或转速过低	1. 改变叶轮转向，检查叶片安装角，改正装反叶片，调整传动比，增加转速
	2. 叶片断裂或固定螺栓松动	2. 更换断裂叶片，紧固全部螺栓
	3. 叶轮上缠绕水草	3. 停机回水冲刷，如不行，则拆开水泵清除
	4. 叶轮淹没深度不够	4. 降低水泵安装高程

第四节　电动机与电气设备运行与维护

一、电动机与电气设备结构

随着我国农村电网在农村地区的广泛覆盖，绝大多数规模不大的农村供水工程与水泵配套的动力机都采用电动机，由它把电网的电能转变为机械能，拖动水泵抽水。常用电动机为三相交流异步电动机。

（一）三相交流异步电动机结构

按转子结构形式，三相异步电动机可分为鼠笼式和绕线式两大类，除此之外，还有按防护形式、安装方式等其他分类。三相交流异步电动机主要由不动部分（称定子）和转动部分（称转子）组成，在定子与转子之间有 0.2～1.0mm 的空气隙。常用的鼠笼式转子导体和异步电动机构造如图 7-10 和图 7-11 所示。

（二）三相异步电动机工作原理

当输电线路的三相电源通入电动机的定子绕组后，就会在定子内产生旋转磁场，在转子内产生感应电流，使带电的转子绕组在磁场中受力而发生旋转，由于转子的转速永远小于定子绕组内旋转磁场的转速，故称为异步电动机。

图 7-10 鼠笼式转子导体

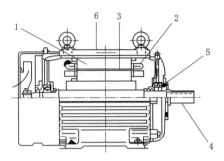

图 7-11 鼠笼式异步电动机构造示意图
1—定子铁芯；2—定子线圈；3—转子铁芯；
4—轴；5—轴承；6—机壳

电动机常用参数有额定功率、额定电压、接线方式、额定电流、额定频率、额定转速、绝缘等级、效率、功率因数、防护等级等。

（三）农村供水工程常用电气设备

电气设备是农村供水工程机电设备的主要组成部分，相对水泵机组，它属于辅助设备。电气设备主要包括变电、低压架空线路、低压进户装置和低压配电装置等。

1. 低压电气设备

水厂低压电器设备种类较多，按其作用区分：一是配电电器，如熔断器、刀开关和转换开关等；二是控制电器，如接触器、启动器、主令电器、控制继电器、漏电保护器以及软启动装置等。

（1）低压空气开关（也称自动空气开关）。低压空气开关以空气作为灭弧介质，广泛用于线路或单台用电设备的控制和保护。由触头系统、灭弧室、传动机构及保护装置等部分组成，如图 7-12 所示。它具有良好的灭弧性能，既能接通和断开正常电流，也能自动切断过载或短路电流，但操作机构比较复杂，不宜做频繁启动。

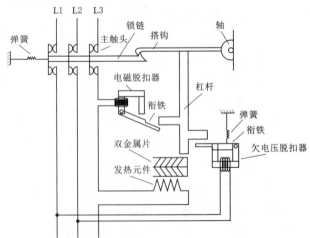

图 7-12 低压空气开关结构示意图

(2) 低压刀开关。低压刀开关又称低压隔离刀闸，结构最简单，一般采用手动操作，是低压配电装置中应用最广的一种电器。普通刀开关不能带负荷操作，仅起隔离电源的作用，提供一个明显的断开点，以保证检修、操作人员的安全。但装有灭弧罩的或在动触头上配有快速辅助触头（起灭弧作用）的刀开关，可以切断小负荷电流。

低压刀开关的基本结构由操作手柄、底板、接触夹座和主刀片等组成，如图 7-13 所示。配电柜中常用的刀开关有中央手柄和中央杠杆操作机构式和侧面手柄式。

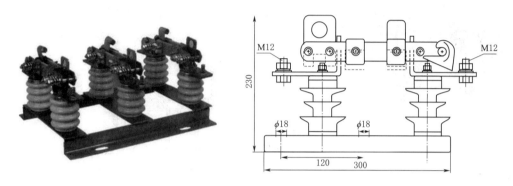

图 7-13　低压刀开关结构示意图

低压系统中，还常用一些刀开关和熔断器组合控制设备，如胶盖闸刀、铁壳开关，一般多用在不重要的线路中，作为局部设备或线路的控制电器。

（3）交流接触器。交流接触器是一种利用电磁吸力来接通或断开带负载的交流电路或大容量控制电路的低压开关，广泛用于 150A 以下低压电路中，适用于频繁操作的电路控制、远距离操作和自动控制，主要控制对象为电动机，也可以用来控制其他负载。由于它配有灭弧罩，因此可以带负荷分合电路，动作快、安全可靠，但不能切断短路电流和过负荷电流。它不能用来保护电气设备，但可与熔断器、热继电器配合使用，用于电路的过载和短路保护。

交流接触器种类繁多，但其结构大同小异，主要由电磁系统、触头系统、灭弧装置和传动机构等组成。

交流接触器的吸引线圈的工作电压在额定电压的 85%～105% 范围内能保证电磁铁吸合，当电源电压低至额定电压 50% 或更低时，能可靠释放，故可起失压保护作用。图 7-14 为交流接触器结构示意图。

（4）热继电器。热继电器常用于交流 500V、150A 以下的电力线路中，作为长期工作或间断长期工作的一般交流电动机或其他设备的过载保护电器。它常和交流接触器组合成磁力启动器。

热继电器主要由热元件和辅助触点等组成，图 7-15 为热继电器结构示意图。

（5）低压熔断器。低压熔断器广泛用于 500V 以下的电路中，作为电力线路、电动机或其他电气设备的短路及连续过载情况下的最简单的保护电器。

低压熔断器由熔断管、熔体和触座三部分组成。熔断器动作时限具有反时限特点，即过电流倍数越大，动作时限越短。例如：对于铅、锡、锌、铝类熔体，一般通过熔体电流

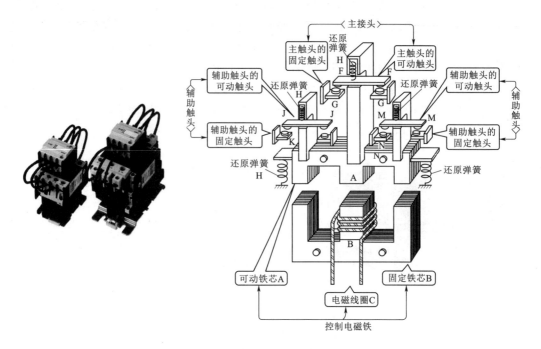

图 7 - 14　交流接触器结构示意图

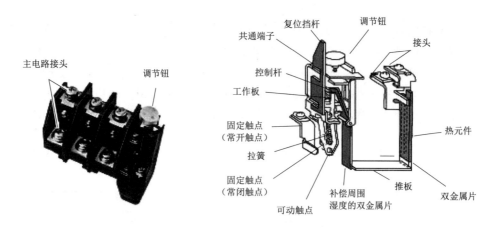

图 7 - 15　热继电器结构示意图

为它的额定值 1.3 倍以下时，不动作；1.3～1.4 倍时，约 1h 后动作；1.5～1.6 倍时，约 30min 后动作；2.5～3.0 倍时，约 10s 后动作。图 7 - 16 为低压熔断器结构示意图。

2. 变压器

变压器是利用电磁感应的原理来改变交流电压的装置，主要构件是初级线圈、次级线圈和铁芯（磁芯）。其主要功能有：电压变换、电流变换、阻抗变换、隔离、稳压（磁饱和变压器）等。按用途可以分为配电变压器、电力变压器、全密封变压器、组合式变压器、干式变压器、油浸式变压器、单相变压器、电炉变压器、整流变压器等。变压器是变

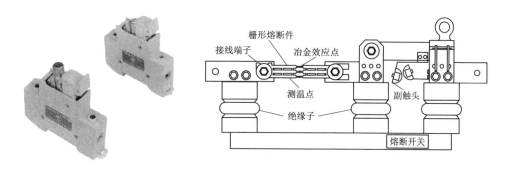

图7-16　低压熔断器结构示意图

换交流电压、交变电流和阻抗的器件，当级线圈中通有交流电流时，铁芯（磁芯）中便产生交流磁通，使次级线圈中感应出电压（电流）。图7-17为变压器结构示意图。

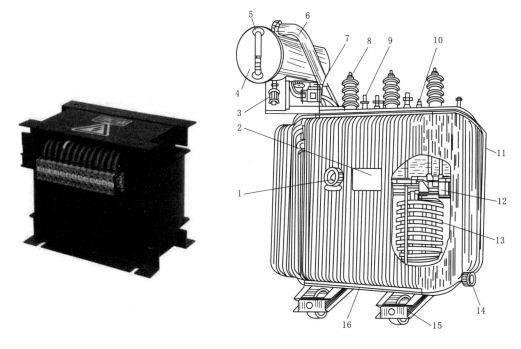

图7-17　变压器结构示意图

1—信号式温度计；2—铭牌；3—吸湿器；4—储油柜（油枕）；5—油面指示器（油标）；6—安全气管（防爆管）；
7—气体继电器；8—高压套管；9—低压套管；10—分接开关；11—油箱；12—铁芯；13—绕组及绝缘；
14—放油阀；15—小车；16—接地端子

3. 漏电保护器

漏电保护器全称漏电电流动作保护器，又称漏电保护开关，主要用来在设备发生漏电故障时以及对有致命危险的人身触电进行保护，如图7-18所示。漏电保护器可以按其保护功能、结构特征、安装方式、运行方式、极数和线数、动作灵敏度等分类。按其保护功能和用途，漏电保护器一般可分为漏电保护继电器、漏电保护开关和漏电保护插座三种。

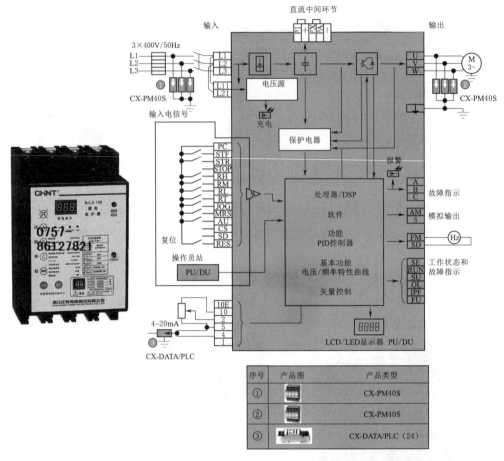

图 7-18 漏电保护器结构示意图

4. 低压配电柜和低压控制柜

低压配电和控制柜是低压电进户装置至电动机或厂用照明等用电器之间的设备与仪表。低压配电柜主要用于接受、保护、分配、传递的馈电系统。低压控制柜主要用于电气设备的开关控制、运行保护、在线监视。主要由电度表、电流表、电压表、闸刀开关、自动开关、接触器、熔断器、热继电器和换相开关等部件组成。电度表、电流表、电压表等电气量测仪表能显示各种电量数据，帮助值班人员随时了解电路工作情况。闸刀开关、空气开关、熔断器、热继电器、接触器等用于保护和控制用电设备。图 7-19 为低压配电柜结构示意图。图 7-20 为低压控制柜。

5. 防雷装置

农村供水工程泵房大多位于农村地区，且毗邻江河堤岸的开阔地带，地势低洼，春、夏两季极易遭受雷电袭击。随着计算机与信息技术自动控制技术的推广应用，水厂电子集成度越来越高，这些集成电路瞬态过电压的承受能力十分脆弱，也最容易受到雷击的损害。

雷电的危害途径有五种。一是直击雷：雷电直接击在建筑物、构架、树木等物体上，由于热电效应等混合力作用直接对物体造成伤害；二是雷云下的静电感应：一般针对线路

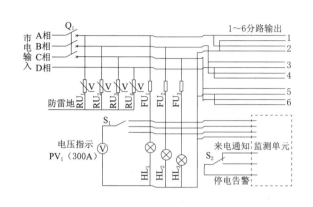

图 7-19　低压配电柜结构示意图

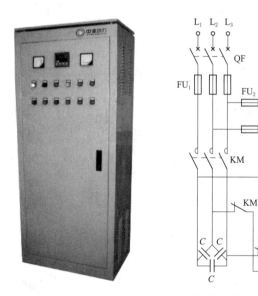

图 7-20　低压控制柜

而言，在一定强度的雷云下在高压架空线路上可以感应出 $300\sim400kV$ 的过电压、在低压架空线路上可以感应出 $100kV$ 的过电压、在电信线路上也可感应出 $40\sim60kV$ 的过电压；三是雷电的电磁感应：雷电流经引下线入地时，在引下线周围产生磁场、引下线周围的各种金属管线上经感应产生瞬间过电压；四是地电位反击：直击雷经接闪器如避雷针、避雷网等而直放入地，导致地电位上升，高电压经设备接地线引入电子设备造成反击；五是雷电波侵入：电源线和通信线遭受直击雷或感应雷加载了过电压及雷电流以感应的方式耦合到线路上，进而入侵设备。

对于直接雷击的防护，主要采用给建筑物设置避雷装置（如避雷针、避雷带等）以及在强电系统安装高低压避雷器装置等办法。

采用浪涌电压保护器（SPD，也称瞬态过电压保护器）是自动控制系统（简称自控系统）目前比较理想的防雷保护措施。采用这种措施与其他防雷措施一样，要特别注意将自控设备的电源用线与照明等其他用电线路严格分开。

泵房控制室内的电力电缆（线）、通信电缆（线）应该尽量采用屏蔽电缆。在控制室还可以沿地面上布紫铜排，形成闭环接地汇流母排，将配电柜（箱）金属外壳、电源地、SPD接地、机柜外壳、门窗等电位接地就近接到汇流母排上并采用 $4\sim10\text{mm}^2$ 铜芯线作为等电位连接线。防雷的首要原则是将雷电流直接接闪引入地下泄放，因而对"接地"一定要重视。水厂内的接地主要有构筑物接地、配电系统及强电设备接地、计算机自控系统接地。

二、电动机的运行与维护

为保证农村供水工程取水和加压正常进行，电动机应始终保持良好技术状态，主要表现在：结构完整，零部件完好，安装正确，电流、电压、温升、功率、功率因数等主要性能参数满足设计使用要求；滑环与电刷接触良好，刷握和刷架无积垢；各种保护装置处于良好的工作状态；接线正确，绝缘良好，预防性试验合格。一般情况下，只要正确使用，注意维护保养，都可以使电动机保持良好的技术状态。

（一）启动前的检查

（1）检查电动机引线绝缘是否良好、接头是否牢固、电动机绕组接法是否正确、外壳接地线是否牢靠。

（2）检查电动机地脚螺栓、联轴器螺栓、皮带搭扣螺钉等有无松动；联轴器螺母的弹簧垫圈是否完整；轴隙是否松动，皮带的松紧度是否适宜。

（3）电动机停运48h以上重新启动前，应测量电动机定子、转子、电缆及启动设备的绝缘电阻。如绝缘电阻达不到规定值，必须经过烘干才能使用。

（4）当水泵的静止阻力矩不大，用手转动电动机，检查定子与转子、风扇与风扇罩是否有碰擦，转动是否灵活。

（5）检查启动器或控制设备的接线是否完好，触头是否有烧蚀，油浸式启动器是否符合要求，绝缘油是否变质。

（6）绕线型电动机要检查滑环与电刷的接触是否良好，电刷有无破损剥落，是否磨得太短，刷握和刷架上有无积垢，启动变阻器的操作把手是否在"启动"的位置，短路装置是否断开。

（7）检查电源电压是否在允许范围内，熔断器的熔丝有无熔断，过流继电器信号指示有无掉牌。

（二）电动机启动和停止注意事项

（1）接通电源后，如电机不能转动，应立即断开电源，查明原因，是否由于保险丝熔断，闸刀或电线接触不良造成只有二相电源接通。

（2）注意电动机转向是否正确，如转向不对，应立即停机。并将电动机电源引线任意二相对调，即可改变转向。

（3）电动机启动次数不宜过于频繁。鼠龙型感应式电动机在冷却状态下，不得连续启动3次以上，在热状态下只允许启动一次，启动时间不超过3s的机组，可以多启动一次。电动机要逐台启动，以减少启动电流。

（4）绕线型电动机在停机后，要将电阻器操作把手放在"起动"位置上，并断开短路装置。停机时，切不可先断开转子回路后断开电源，以免引起转子线圈过电压。

（三）电动机运行中的监视与维护

（1）监测电动机的电流。当周围空气温度为35℃时，电动机的工作电流不应超过铭牌规定的额定电流值。周围空气温度变化时，工作电流允许相应增减，其变化范围参见表7-8。

表 7-8　　　　　　　　　　电动机气温变化工作电流变化允许范围

电动机工作环境气温/℃	允许工作电流比额定电流增减范围/%	电动机工作环境气温/℃	允许工作电流比额定电流增减范围/%
25	+10	40	-5
30	+5	45	-10
35	±0		

在监视电动机工作电流是否过载的同时，还要监视三相电流是否平衡。不平衡度不得超过10%，特别要注意电动机是否缺相运行。

（2）监视电动机的温升。电动机的温度直接影响着绕组的绝缘老化，进而影响电动机的使用寿命。根据电动机的类型和绕组所使用的绝缘材料，生产厂家都对绕组和铁芯最大允许温度和温升做出了规定，应监视在电动机运行中不得超过规定值。

（3）检查轴承是否过热。滑动轴承和滚动轴承温度分别不应超过80℃和95℃。轴承盖边缘不应有油漏出，如有油漏出，表明轴承过热，应进一步检查：润滑油数量是否足够，有无杂物掺混其中，轴与轴瓦是否咬得过紧，直接转动的两轴中心线是否在同一直线上，是否有轴向力使轴承发热等。还应用听音棒（如改锥）靠在轴承外盖上，听轴承内部声音，根据不同声响和经验判断是缺油还是滚轮损坏或轴承松动。

（4）注意电源电压。一般要求电动机在额定工作电压的-5%～+10%范围内运行，这时电动机的额定出力受影响不大。如果电源电压变化超出允许范围，就应根据电动机最高工作温度和最大允许温升限制负荷。

（5）监测电动机有无剧烈振动。正常运行的电动机应平稳无剧烈振动，当出现剧烈振动时，表明可能存在故障。有条件的水厂，可用专用仪表测量电动机振幅。不具备条件的可用手摸机体，如果手有些发麻，说明振动严重，应查找原因，消除故障隐患。

（6）注意电动机有无绝缘烧焦的煳味，有无烟雾火花，声音是否均匀平稳，根据不同的异常声响和操作人员经验，分析判断是过负荷还是缺相或铁芯松动、转子与定子碰接等情况，进而采取措施，消除故障。

（7）注意电刷是否冒火花、电刷在刷握内是否有晃动或卡阻现象。

（8）保持电动机周围环境清洁、干燥、通风良好，可用抹布擦拭电动机，但不得用水冲洗。

（四）电动机运行中常见故障、原因及处理方法

电动机运行中如发生故障，应查明原因采取有效措施及时排除。常见故障、原因及处理方法见表7-9。

表 7 - 9 电动机常见故障、原因及处理方法

常见故障	原 因	处 理 方 法
电动机不能启动或转速较额定值低	1. 熔丝烧断，或电源电压太低	1. 检查电源电压和熔断器
	2. 定子绕组或外部线路中有一相断开	2. 用万用表或灯泡检查定子绕组和外部线路
	3. 鼠笼式电机转子断条，能空载启动，但不能加负载	3. 将电动机定子绕组接到 50～60V 低压三相交流电源上，慢慢转动转子，同时测量定子电流，如果差距很大，则说明转子断路
	4. 绕线式电机转子绕组开路或滑环与碳刷等接触不良	4. 用灯泡法检查转子绕组和滑环与碳刷的接触情况
	5. 应接成△的电动机，误接成 Y，造成电机空载可以启动，但不能满载	5. 检查出线盒接线
	6. 电动机负荷过大	6. 减轻电动机负荷
	7. 定子三相绕组中有一相接反	7. 查出首尾，正确接线
	8. 电动机或水泵内有杂物卡住	8. 去除杂物
	9. 轴承磨损、烧毁或润滑油冻结	9. 换轴承或润滑油
电动机空载或加负载时三相电流不平衡	1. 电源电压不平衡	1. 检查电源电压
	2. 定子绕组有部分线圈短路，同时线圈局部过热	2. 用电表测量三相绕组电阻，若阻差很大，说明一相短路
	3. 更换定子绕组后，部分线圈匝数有错	3. 用电表测量三相绕组电阻，若阻差很大，说明一相短路
电动机过热	1. 过负荷	1. 减少负荷
	2. 电源电压过高或过低	2. 检查电源电压
	3. 三相电压或电流不平衡	3. 消除产生不平衡的原因
	4. 定子铁芯质量不高，铁损太大	4. 修理或更换定子铁芯
	5. 转子与定子摩擦	5. 调整转子与定子间隙，使各处间隙均匀
	6. 定子绕组有短路或接地故障	6. 用电表测量各相电阻进行比较，用摇表测量定子绕组的绝缘和对地绝缘
	7. 电动机在启动后，单相运行	7. 检查定子绕组，是否有一相断开，电源是否有一相断开
	8. 通风不畅或泵房空气温度过高	8. 改善通风条件
电动机有不正常的振动和响声	1. 电动机基础不牢固，底脚螺栓松动	1. 加固或重新浇筑混凝土基础，拧紧底脚螺栓
	2. 安装不符合设计要求，机组不同心	2. 检查安装情况，进行校正
	3. 电动机转轴上皮带不平衡	3. 进行静平衡试验
	4. 转子与定子碰擦	4. 消除碰擦的原因，如调换磨损轴承；校正转轴中心后放松皮带；修正或车磨弯曲的轴和精车转子
	5. 间隙不均匀	5. 校正转子中心线，必要时更换轴承
	6. 一相电源中断或电源电压突然下降	6. 接通断相的电源
	7. 三相电不平衡，发出嗡嗡声	7. 检查三相不平衡原因，并消除之

续表

常见故障	原　　因	处　理　方　法
轴承过热	1. 对于滑动轴承，因轴颈弯曲，轴颈或轴瓦不光滑或两者间隙太小	1. 校正或车磨轴颈，刮磨轴瓦和轴颈，并调整它们的间隙或更换轴瓦，放松螺栓或加垫片，将轴承盖垫高
	2. 滚珠或滚柱轴承和电动机转轴的轴心线不在同一水平面或垂直线上，滚珠或滚柱不圆或碎裂，内外座圈锈蚀或碎裂	2. 摆正电动机，重新装配轴承或调换轴承
	3. 润滑油不足或太多	3. 增加或减少润滑油到规定标准
	4. 皮带过紧	4. 放松皮带

三、低压电气设备的运行与维护

这里仅就开关柜和配电盘的运行与维护做简单介绍，更详细的内容请参阅有关专业书籍。

（一）开关柜与配电盘在通电前的检查

（1）检查总开关及分路开关是否断开，操作机构是否灵活。

（2）检查一次回路及二次回路导线的连接是否正确，是否紧固良好。二次回路及盘面是否接地。

（3）检查仪表是否完整无损，指针是否指在零位。

（4）检查各种熔丝的容量是否适当。

（5）启动补偿器的过流继电器的油盒内是否充油，油型与油量是否符合要求。

（二）开关柜与配电盘在运行中的监视和检查

（1）监视电压表、电流表等表针的指示是否正常，电度表的转动和跳字是否正常。

（2）检查转换开关是否灵活，各相电流和电压是否平衡。

（3）各种指示灯的指示是否正常。

（4）监视导线及接头有无过热烧丝现象，有无异常气味。

（5）注意隔离刀闸、互感器、继电器等有无异常响声。

（6）注意有无冒烟、放电现象。对于高电压开关柜，每天夜班要进行一次灭灯检查。

（7）注意轴开关的油位、油色是否正常。

（8）电容器或电力电缆的断路器掉闸后，在查明原因前，不得强行合闸送电。

（三）电气设备日常维护

（1）保持配电装置区域整洁，充电设备油量不足时应及时补充，油质变坏应更换，发现故障及时维护。

（2）清除各部件的积尘、污垢；软母线应无断股、烧伤，弧垂应符合设计要求；各部位瓷绝缘应完好，无爬闪痕迹，瓷铁胶合处无松动；各导电部分连接点应紧密；分合闸必须灵活可靠；各处接地线应完好，连接紧固，接触良好。不符合要求的情况应维修，使之达到技术规程要求。

（3）刀开关的刀片与固定触头接触良好，无蚀伤或氧化过热的痕迹；双投开关在分闸位置，刀片应可固定，不得使刀片有自行合闸的可能。

（4）自动开关、交流接触器主触头压力弹簧无过热，动、静触头接触良好，如有烧伤应磨光，磨损厚度超过 1mm 时即应更换；三相应同时闭合，每相接触电阻不应大于 $0.5M\Omega$；三相之差不应超过 $\pm10\%$，分合闸动作要灵活可靠，电磁铁吸合无异常声响和错位现象，吸合线圈绝缘和接头无损伤，清除消弧室的积尘、碳质和金属细末；自动开关、磁力启动器元件的连接处无过热，电流整定值与负荷相匹配，可逆启动器联锁装置必须动作准确可靠；如发现有不符合要求的情况，应维修，使之达到技术规程要求。

（5）低压电流互感器铁芯无异状，线圈无损伤。

（6）接地线应接触良好，无松动脱落、砸伤、碰断及磨蚀现象，地面下 50cm 以上部分接地线腐蚀严重时，应及时处理；明敷设的接地线或接零线表面涂漆脱落时应补涂；接地体露出地面应及时进行恢复，其周围不得堆放有强烈腐蚀性的物质。

（7）按照有关技术规程要求定期对各种仪表进行校验。

（四）部分低压电器常见故障原因分析与处理

1. 刀开关常见故障、原因及处理方法

刀开关常见故障、原因及处理方法见表 7-10。

表 7-10　　　　　　　　　　刀开关常见故障、原因及处理方法

常 见 故 障	原 因	处 理 方 法
触刀过热甚至烧毁	1. 电路电流过大	1. 改用较大容量的开关
	2. 触刀和静触座接触歪扭	2. 调整触刀和静触座的位置
	3. 触刀表面被电弧烧毛	3. 磨掉毛刺和凸起点
开关手柄转动失灵	1. 定位机械损坏	1. 修理或更换
	2. 触刀固定螺钉松动	2. 拧紧固定螺钉

2. 熔断器常见故障、原因及处理方法

低压熔断器常见故障、原因及处理方法见表 7-11。

表 7-11　　　　　　　　　　低压熔断器的常见故障、原因及处理方法

常 见 故 障	原 因	处 理 方 法
电动机启动瞬间熔断器熔体熔断	1. 熔体规格选择过小	1. 更换合适的熔体
	2. 被保护的电路短路或接地	2. 检查线路，找出故障点并排除
	3. 安装熔体时有机械损伤	3. 更换安装新的熔体
	4. 有一相电源发生断路	4. 检查熔断器及被保护电路，找出断路点并排除
熔体未熔断，但电路不通	1. 熔体或连接线接触不良	1. 旋紧熔体或将接线接牢
	2. 紧固螺钉松动	2. 找出松动处将螺钉或螺母旋紧
熔断器过热	1. 接触螺钉松动	1. 拧紧螺钉
	2. 接线螺钉锈死，压不住线	2. 更换螺钉、垫圈
	3. 触刀或刀座生锈，接触不良	3. 清除锈蚀，检修或更换刀座
	4. 熔体规格太小，负荷过重	4. 更换合适的熔体或熔断器
	5. 环境温度过高	5. 改善环境条件

续表

常 见 故 障	原 因	处 理 方 法
瓷绝缘件破损	1. 产品质量不合格	1. 停电更换
	2. 外力破坏	2. 停电更换
	3. 操作时用力过猛	3. 停电更换，注意操作手法
	4. 过热引起	4. 查明原因，排除故障

3. 断路器常见故障、原因及处理方法

低压断路器常见故障、原因及处理方法见表7－12。

表 7－12　　　　　低压断路器的常见故障、原因及处理方法

常 见 故 障	原 因	处 理 方 法
手动操作的断路器不能闭合	1. 欠电压脱扣器无电压或线圈损坏	1. 检查线路后加上压力或更换线圈
	2. 储能弹簧变形，闭合力减小	2. 更换储能弹簧
	3. 释放弹簧的反作用力太大	3. 调整弹簧或更换弹簧
	4. 机构不能复位再扣	4. 调整脱扣面至规定值
电动操作的断路器不能闭合	1. 操作电源电压不符	1. 更换电源或升高电压
	2. 操作电源容量不够	2. 增大电源容量
	3. 电磁铁或电动机损坏	3. 检修电磁铁或电动机
	4. 电磁铁拉杆行程不够	4. 重新调整或更换拉杆
	5. 电动机操作定位开关失灵	5. 重新调整或更换开关
	6. 控制器中整流管或电容器损坏	6. 更换整流管或电容器
有一相触头不能闭合	1. 该相连杆损坏	1. 更换连杆
	2. 限流开关机构可拆连杆之间的角度变大	2. 调整至规定要求
分励脱扣器不能使断路器断开	1. 线圈损坏	1. 更换线圈
	2. 电源电压太低	2. 更换电源或调整电压
	3. 脱口面太大	3. 调整脱口面
	4. 螺钉松动	4. 拧紧螺钉
欠压脱扣器不能使断路器断开	1. 反力弹簧的反作用力太小	1. 调整或更换反力弹簧
	2. 储能弹簧力太小	2. 调整或更换储能弹簧
	3. 机构卡死	3. 检修机构
断路器在启动电动机时自动断开	1. 电磁式过流脱扣器瞬动整定电流太小	1. 调整瞬动整定电流
	2. 空气式脱扣器的阀门失灵或橡皮膜破裂	2. 更换
断路器在工作一段时间后自动断开	1. 过电流脱扣器长延时整定值不符合要求	1. 重新调整
	2. 热元件或半导体元件损坏	2. 更换元件
	3. 外部电磁场干扰	3. 进行隔离

续表

常 见 故 障	原 因	处 理 方 法
欠电压脱扣器有噪音或震动	1. 铁芯工作面有污垢	1. 清除污垢
	2. 短路环断裂	2. 更换衔铁或铁芯
	3. 反力弹簧的反作用力太大	3. 调整或更换弹簧
断路器升温过高	1. 触头接触压力太小	1. 调整或更换触头弹簧
	2. 触头表面过度磨损或接触不良	2. 修整触头表明或更换触头
	3. 导电零件的连接螺钉松动	3. 拧紧螺钉
辅助触头不能闭合	1. 动触桥卡死或脱落	1. 调整或更换动触桥
	2. 传动杆断裂或滚轮脱落	2. 更换损坏的零件

4. 接触器常见故障、原因及处理方法

接触器常见故障、原因及处理方法见表 7-13。

表 7-13　　　　　　接触器常见故障、原因及处理方法

常 见 故 障	原 因	处 理 方 法
通电后不能闭合	1. 线圈断线或烧毁	1. 修理或更换线圈
	2. 动铁芯或机械部分卡住	2. 调整零件位置，消除卡住现象
	3. 转轴生锈或歪斜	3. 除锈或上润滑油或更换零件
	4. 操作回路电源容量不足	4. 增加电源容量
	5. 弹簧压力过大	5. 调整弹簧压力
通电后动铁芯不能完全吸合	1. 电源电压过低	1. 调整电源电压
	2. 触头弹簧和释放弹簧压力过大	2. 调整弹簧压力或更换弹簧
	3. 触头超程过大	3. 调整触头超程
电磁铁噪声过大或发生振动	1. 电源电压过大	1. 调整电源电压
	2. 弹簧压力过大	2. 调整弹簧压力
	3. 铁芯极面有污损或磨损过度而不平	3. 清除污垢，修整极面或更换铁芯
	4. 短路环断裂	4. 更换短路环
	5. 铁芯夹紧螺栓松动，铁芯歪斜或机械卡住	5. 拧紧螺栓，排除机械故障
接触器动作缓慢	1. 动、静铁芯间的间隙过大	1. 调整机械部分，减小间隙
	2. 弹簧的压力过大	2. 调整弹簧压力
	3. 线圈电压不足	3. 调整线圈电压
	4. 安装位置不正确	4. 重新安装
断电后接触器不释放	1. 触头弹簧压力过小	1. 调整弹簧压力或更换弹簧
	2. 动铁芯或机械部分卡住	2. 调整零件位置；消除卡住现象
	3. 铁芯剩磁过大	3. 退磁或更换触头
	4. 触头熔焊在一起	4. 修理或更换
	5. 铁芯极面有油污或尘埃	5. 清理铁芯极面

续表

常 见 故 障	原 因	处 理 方 法
线圈过热或烧毁	1. 弹簧的压力过大	1. 调整弹簧压力
	2. 线圈的额定电压、频率或通电持续率等与使用条件不符	2. 更换线圈
	3. 操作频率过高	3. 更换接触器
	4. 线圈匝间短路	4. 更换线圈
	5. 运动部分卡住	5. 排除卡住现象
	6. 环境温度过高	6. 改变安装位置或采取降温措施
	7. 空气潮湿或含腐蚀性气体	7. 采取防潮、防腐蚀措施,改变安装位置
	8. 交流铁芯面不平	8. 清洗极面或调换铁芯
触头过热或灼烧	1. 触头弹簧压力过小	1. 调整弹簧压力
	2. 触头表面有油污或表面高低不平	2. 清理触头表面
	3. 触头的超行程过小	3. 调整超行程或更换触头
	4. 触头的断开能力不够	4. 更换接触器
	5. 环境温度过高或散热不好	5. 接触器降低容量使用,改变安装位置
触头溶接在一起	1. 触头弹簧压力过小	1. 调整弹簧压力
	2. 触头断开能力不够	2. 更换接触器
	3. 触头断开次数过多	3. 更换触头
	4. 触头表面有金属颗粒突起或异物	4. 清理触头表面
	5. 负载侧短路	5. 排除短路故障,更换触头
相间短路	1. 可逆转的接触器连锁不可靠,致使两个接触器同时投入运行而造成相间短路	1. 检查电气连锁与机械连锁
	2. 接触器动作过快,发生电弧短路	2. 更换动作时间较长的接触器
	3. 尘埃或油污使绝缘变坏	3. 经常清理保持清洁
	4. 零件损坏	4. 更换损坏零件

5. 热继电器的常见故障、原因及处理方法

热继电器常见故障、原因及处理方法见表7-14。

表7-14　　　　热继电器常见故障、原因及处理方法

常 见 故 障	原 因	处 理 方 法
热继电器误动作	1. 电流整定值偏小	1. 调整整定值
	2. 电动机启动时间过长	2. 按电动机启动时间的要求选择合适的继电器
	3. 操作频率过高	3. 减少操作频率或更换热继电器
	4. 连接导线过细	4. 选用合适的标准导线

续表

常 见 故 障	原 因	处 理 方 法
热继电器不动作	1. 电流整定值偏大	1. 调整电流值
	2. 热元件烧断或脱焊	2. 更换热元件
	3. 动作机构卡住	3. 检查动作机构
	4. 进出线脱头	4. 重新焊好
热元件烧断	1. 负载侧短路	1. 排除故障，更换热元件
	2. 操作频率过高	2. 减少操作频率，更换热元件或热继电器
热继电器的主电路不通	1. 热元件烧断	1. 更换热元件
	2. 热继电器的接线螺钉未拧紧	2. 拧紧螺钉
热继电器的控制电路不通	1. 调整旋钮或调整螺钉转到不合适的位置，以致触头被顶开	1. 重新调整到合适位置
	2. 触头烧坏或动触头杆的弹性消失	2. 修理或更换新的触头或动触杆

6. 漏电保护器的常见故障、原因及处理方法

漏电保护器常见故障、原因及处理方法见表 7 - 15。

表 7 - 15　　　　　　漏电保护器的常见故障、原因及处理方法

常 见 故 障	原 因	处 理 方 法
漏电保护器不能闭合	1. 储能弹簧变形，导致闭合力减小	1. 更换储能弹簧
	2. 操作机构卡住	2. 重新调整操作机构
	3. 机构不能复位再扣	3. 调整脱扣器至规定值
	4. 漏电脱扣器未复位	4. 调整漏电脱扣器
漏电保护不能带点投入	1. 过电流脱扣器未复位	1. 等待过电流以使脱扣器自动复位
	2. 漏电脱扣器未复位	2. 按复位按钮，使脱扣器手动复位
	3. 漏电脱扣器不能复位	3. 查明原因，排除故障线路上的漏电故障点
	4. 漏电脱扣器吸合无法保持	4. 更换脱扣器
漏电开关打不开	1. 触头发生熔焊	1. 排除熔焊故障，修理或更换触头
	2. 操作机构卡住	2. 排除卡住现象，修理受损零件
一相触头不能闭合	1. 触头支架断裂	1. 更换触头支架
	2. 金属颗粒将触头与灭弧室卡住	2. 清除金属颗粒或更换灭弧室
启动电动机时漏电开关立即断开	1. 过电流脱扣器瞬时整定值太小	1. 调整过电流脱扣器瞬时整定弹簧力
	2. 过电流脱扣器动作太快	2. 适当调大整定电流值
	3. 过电流脱扣器额定整定值选择不正确	3. 重新选用
漏电保护器工作一段时间后自动断开	1. 过电流脱扣器长延时整定值不正确	1. 重新调整
	2. 热元件或油阻尼脱扣器元件变质	2. 更换变质元件
	3. 整定电流值选用不当	3. 重新调整整定电流或重新选用

续表

常见故障	原因	处理方法
漏电开关温升过高	1. 触头压力过小	1. 调整触头压力或更换触头弹簧
	2. 触头表面磨损严重或损坏	2. 清理接触面或更换触头
	3. 两导电零件连接处螺栓松动	3. 拧紧螺栓
	4. 触头超程太小	4. 调整触头超程
操作试验按钮后漏电保护器不动作	1. 试验电路不通	1. 检查该电路，接好连接导线
	2. 试验电阻烧坏	2. 更换试验电阻
	3. 试验按钮接触不良	3. 调整试验按钮
	4. 操作机构卡住	4. 调整操作机构
	5. 漏电脱扣器不能使断路器（自动开关）自由脱扣	5. 调整漏电脱扣器
	6. 漏电脱扣器不能正常工作	6. 更换漏电脱扣器
触头过度磨损	1. 三相触头动作不同步	1. 调整到同步
	2. 负载侧短路	2. 排除短路故障，并更换触头
相间短路	1. 尘埃堆积或粘有水汽、油污，使绝缘劣化	1. 经常清理，保持清洁
	2. 外接线未接好	2. 拧紧螺钉，保证外接线相间距离
	3. 灭弧室损坏	3. 更换灭弧室
过电流脱扣器烧坏	1. 短路时机构卡住，开关未及时断开	1. 定期检查操作机构，使之动作灵活
	2. 过电流脱扣器不能正确地动作	2. 更换过电流脱扣器

第五节　机电设备的检修

与机电设备操作运行紧密结合的日常维护工作主要包括对设备进行清理擦拭、润滑涂油、紧固易松动的零部件以及在运行中随时检查各项技术、安全指标的指示信号，及时发现、处理和向上级报告情况，填写设备运行日志。这些日常维护工作属运行操作人员的岗位职责。除此之外，为了保证机电设备应有的良好技术状态，还应定期或根据设备实际情况进行系统、全面检查，掌握其技术状况和磨损状况，并同时进行修理、修复各种原因造成的损坏，更换已经磨损、腐蚀的零部件，恢复设备原有效能。按照检查修理的工作量及对原设备性能的恢复程度，机电设备检修可分为小修与大修。有的可能在小修与大修之间增加中修任务。

一、检修计划的编制和实施

首先要组织机电设备操作运行人员对机电设备进行全面、认真的检查，并查阅有关技术档案和值班运行日志。在此基础上，针对存在主要问题编制检修计划。检修计划应包括以下主要内容：需要检修的设备名称、编号、上次检修的日期、上次检修后的运行小时数，当年曾发生过的故障及处理情况；目前存在的缺陷；计划检修的项目和主要内容，所需零配件、材料和经费；计划检修期限；自行修理还是聘请专业人员来水厂参与修理或送厂家修理等。

检修计划经过水厂负责人或上级主管部门批准后，即应组织力量抓紧实施。检修过程中应把质量控制作为重要环节认真抓好，填写更换零部件、缺陷处理等主要检修工作情况记录。每台设备检修完毕后，都要进行测试运行。全部检修完成后，要由车间或水厂负责人验收，重大检修或技术改造要由上级主管单位组织验收。检修与验收情况要整理归入技术档案，以备下次检修或分析以后故障时查阅参考。

二、检修的一般注意事项

（1）在拆卸、装配零部件时，要记下拆装顺序，记住各部件互相装配关系，必要时，做好记号。

（2）拆装较大零件，要防止磕碰损伤；拆卸小零件，要放在专用箱（袋）内，防止丢失。

（3）在拆卸装配过程中，应合理使用工具，禁止用大榔头敲打部件，用小榔头敲打的零件，应在敲打处垫上木块。在拆开紧密连接面时，不得用扁铲或螺丝刀插入。各部件的密合面、磨插面和精加工面要保持光洁，不要用砂纸打磨，不要碰伤。

（4）螺钉帽或螺母锈死时，可先浇上煤油，待油渗入螺纹再拧松。禁止用凿子等刀具硬拆。

（5）清除电动机绕组等电气设备污垢时，不可用螺丝刀、小刀等金属物，避免损伤绝缘，还要注意防止绝缘受潮。

（6）皮带等橡胶制品，不可与油脂接触。

三、机电设备的小修

小修是检修工作量最小的局部修复，一般是更换或修复少量的磨损零件。小修通常利用生产间隙时间就地进行。

（一）水泵的小修

水泵累计运行1000h左右，一般应进行小修。小修的主要项目内容包括：检修并清理轴承、油槽、油杯，更换润滑油；检查并调整离心泵叶轮、口环间隙，检修或紧固松动的叶轮螺母，若叶轮磨损严重，应修复；处理或更换变质硬化的填料；检查并紧固各部位螺栓；检查离心泵轴套锁紧螺母有无松动；检查轴流泵橡胶轴承的磨损情况，调整轴与轴承之间的间隙，若橡胶轴承磨损严重，就必须更换。检查轴流泵叶片及泵壳磨损情况，如磨损严重应进行修复。

（二）电动机的小修

电动机一般每半年小修一次。其主要项目包括：清除电动机外壳的积尘、油垢、以便散热，对开启式或防护式电动机还应吹去转子灰尘；检查接线盒紧线螺钉是否紧固；检查轴承，调整间隙，更换润滑油；检测定子与转子间隙均匀情况，借以判定轴承磨损情况，如轴承松动或磨损，应进行调整或更换；量测电动机绝缘电阻及各相绕组的直流电阻，如发现超过规定值应进行修复；清洁修复启动设备；对绕线式电动机，要维修滑环和电刷，滑环表面如有黑斑或擦伤痕迹，要进行打光磨平，严重偏心或凸凹不平的，应送修配厂维修，如电刷开裂或磨损严重，更需要换同型号的电刷。

（三）低压电气设备的小修

开关柜与配电盘应每年进行一次小修，其主要项目包括：清除灰尘油污；紧固导线接头；修理或更换有故障的部件；修磨隔离开关，油开关、闸刀开关、空气开关等触头，调整触头压力。在隔离开关触头与传动部位及油开关的缓冲弹簧处涂抹少量中性凡士林油，必要时对轴开关适当加油或更换新油。

四、机电设备的大修

大修的主要任务是对设备的主要零部件磨损状况进行测量和检查鉴定，更换或修复所有磨损的零部件，校正设备的基准，使设备恢复和达到原有的性能、精度和效率。大修通常要对水泵电机进行拆解。有时大修工作会与设备的技术改造结合进行，这样有利于提高设备的现代化水平。大修包括解体、处理和再安装三个环节。大修通常需要运行操作人员配合专业维修工人进行。大修完成后要进行符合一定程序的验收。验收合格后的设备要经过试运行，一切正常后方可正式投入运行。对于农村供水工程的机电设备，大修周期可按1年左右掌握，具体时间要参照有关技术规程的规定，并结合水厂设备运行状况确定。

（一）水泵的大修

水泵的大修，通常要进行解体，全面检查并处理缺陷。除小修的项目内容外，大修还有以下项目。

（1）进行全面清洗，清洗拆开的泵壳等零部件的法兰结合面；把叶轮、叶片、口环、导叶体、轴套、轴承油室用清水洗净；橡胶轴承晒干后涂滑石粉；用煤油清洗所有的螺钉、螺栓。

（2）检查水泵外壳有无裂缝、损伤、穿孔、接合面或法兰连接处有无漏水、漏气现象，如存在问题，应进行修补。

（3）必要时更换离心泵的口环、叶轮和轴套。

（4）检查轴瓦有无裂缝、斑点、乌金磨损程度，与瓦胎接合是否良好，必要时进行轴瓦间隙调整处理。

（5）检查滚动轴承滚珠有无破损，间隙是否合适，在轴上的安装是否牢固，必要时更换轴承。

（6）检查轴流泵的叶片固定是否牢靠，必要时更换损伤叶片。

（7）校正水泵机组靠背轮中心。

（8）送厂修理，如修补泵轴、轴颈镀铬等。检修完毕后在各加工表面涂抹黄油，重新装配好。与此同时，还应对阀门进行检查，检查橡胶垫是否变型或损坏；检查门轴是否磨损；检查启闭是否准确等；检查是否清洗油污；对水泵进出水接口钢管进行防腐处理，以防锈蚀。

（二）电动机的大修

电动机的大修每隔3～5年进行一次，除完成小修项目内容外，还包括以下项目内容。

（1）拆开电机，抽出转子、清理通风沟、清理污垢和灰尘。

（2）检查定子绕组槽内及端部情况，出线头的紧固情况；鼠笼式电动机转子笼条和端环的焊接情况；绕线式电动机转子槽内及端部绑线情况以及线头与滑环的连接情况。

（3）处理松动的铁芯、硅钢片和楔条。

（4）处理和包扎绕组绝缘损坏部位，检查绝缘老化情况，必要时，喷涂绝缘漆并干燥电动机。

（5）拆下轴承，清洗或更换。

（6）检查轴有无裂缝、弯曲或擦伤，处理端盖、轴和轴颈的缺陷。

（7）必要时进行外部喷漆处理。

（三）开关柜的大修

除完成小修项目内容外，大修项目内容还包括：①调整油开关和隔离开关传动机构及三相触头的行程及同期性；②测量触头的接触电阻，测量油开关顶峰动作时间；③试验继电保护的整定值；④测量绝缘电阻；⑤进行交流耐压试验。

第八章

经 营 管 理

农村供水工程经营是指水厂为实现其预期目标所开展的一切经济活动，包括水厂产、供、销的全部内容。水厂经营管理是指运用计划、组织、领导、协调和控制等职责或功能组织水厂的经营活动。

农村供水工程是兼有经营性和公益性的农村生活生产基础设施，也是"供水"商品的生产经营服务提供者。"供水工程管理"这一术语更多地偏于以工程管理为中心所进行的活动。对于不进行物质产品生产的水利工程来说，如堤防工程，用"工程管理"一词比较准确。而农村供水工程不是一般意义上的水利工程，供水工程设施加上与之配套的生产经营管理组织及生产经营服务活动，构成了与一般意思上的工程管理单位完全不同的经济实体——水厂。不仅采用企业组织形式的水厂要按企业制度进行经营管理，而且采用事业单位组织形式的水厂也要采用或参照企业方式进行生产经营管理。这是充分发挥农村供水经济效益、保障村镇居民饮水安全、提高农村供水事业可持续发展能力的需要，也是农村供水事业发展特点和客观规律所决定的。本章将介绍水厂生产与经营管理的相关内容、有关水厂管理体制方面的内容在第二章已有介绍。

第一节 一 般 要 求

一、生产经营管理基础工作

为使农村供水工程生产经营管理活动正常有序，实现生产经营目标和管理职能，各项生产经营活动要有共同的工作准则、科学的手段和方法，必须记录制水生产全过程，包括水量、水质、药剂消耗、用工、用电等基础数据资料，这些都属于必不可少的基础性工作，具体内容包括以下几个方面。

（一）建立健全各项规章制度

规章制度是水厂管理组织为保证水厂生产与经营管理活动正常有序进行而制定的各种制度、规则、程序和办法的总称。规章制度既反映水厂合理组织生产力的要求，又反映水厂生产关系的要求。规章制度是劳动操作、经营管理工作和全体干部职工行动的规范与准则。它使水厂生产经营管理活动分工明确、相互协作、有章可循、秩序良好、管理水平稳步提高。规章制度一般可分为以下几种。

（1）基本制度。如企业性质水厂的公司章程、事业单位性质水厂的管理办法、农民用水户协会章程、村民代表大会制度、企业职工代表大会制度等。

（2）工作制度。它是水厂按照国家有关法规技术规程和政策规定，结合自身特点和管理要求，制定的有生产、技术、经济等具体业务工作制度。有一定规模的乡镇水厂通常要制定如下工作制度：水厂内设机构组织日常运转工作制度、思想政治工作制度、生产运行日志制度、考勤与交接班制度、机电设备操作运行规程、管网巡查维护与工程维护管理制度、净水与消毒工艺操作规程、水质化验检测制度、设备使用与维修管理制度、安全生产与厂区安全管理制度、水源卫生防护管理制度、技术管理制度、物资器材管理制度、供水管理制度、水量计收管理制度、财务管理制度、后勤管理制度、劳动工资与奖励惩罚管理制度、事故检修应急处理预案、资料整编与档案管理制度等。

（3）责任制度。它是按照工作制度的要求，规定水厂内部各职能机构、各类人员的工作范围、应负责任和应有权利的制度。责任制度把水厂多个环节的工作和干部职工联系起来，做到事事有人管、人人有专责，检查校核有标准，避免推诿扯皮，"谁都管，谁都不负责"的情况发生。

各种规章制度靠责任制来落实。有的水厂制定了许多规章制度，挂在墙上，但缺少将责任制这个环节落到实处，规章制度就流于形式。不同的水厂各有自己的条件和特点，制定规章制度一定要结合本水厂的具体情况，有很强的针对性和可操作性。制定规章制度时，要广泛听取干部职工意见，集中大家的经验和智慧，形成统一的认识和意志，有利于增强干部职工贯彻执行规章制度的自觉性。

（二）做好原始记录和统计工作

原始记录是按照有关规定的要求，以一定形式对水厂各项生产经营活动所做的最初的直接记录。它是水厂生产经营管理的第一手材料，包括所有记载生产经营活动的各种表、卡、日志、台账、记录簿和数据记录。原始记录要认真填写，真实可靠，按时整编，妥善保管。农村供水工程生产经营活动的原始记录主要内容包括以下方面。

（1）水厂工程设施与设备基本情况，如工程规模、技术特征、受益范围；主要设备生产厂家、出厂日期、型号、规格、技术参数等，这些属于静态原始资料，需要作为档案长久保存。

（2）水厂运行记录，包括投产运行时间，运行日志，事故情况记录等。

（3）水泵、电机、电气开关等设备维修记录，包括维修日期、维修内容、消除设备缺陷及检测测试记录、零部件拆换情况等。

（4）构筑物的养护维修、改造记录，裂缝、沉陷等观测及处理记录。

（5）水源来水情况记录，包括河流水库等地表水源的水位、流量、水质、取水量，地下水的水位、水质变化等。

（6）其他生产运行管理方面的记录，如原水消耗、油料与电力消耗、工时消耗、低值易耗品消耗等。

所有记录的原始资料要按统计等有关方面要求，定期进行分类、汇总、计算和分析提炼，找出生产经营管理中的规律和问题，从中得出进行经营决策、制定经营计划和生产计划所需的参数与依据。

（三）做好定额管理工作

定额是水厂生产经营活动中在人力、物力、财力等利用方面应遵守的标准。它是编制计划、组织生产经营活动，进行经济核算的依据和基础。定额管理是指各类技术经济定额的制定、执行、考核和管理。水厂常用定额有：工程设备利用定额，如工程构筑物、主要设备的完好率、管网输水漏失率等；消耗定额，包括药剂消耗、工程及设备维修养护物料消耗、原水消耗、油料电力消耗、工具器材消耗、水质检测药剂器皿消耗等；劳动定额，包括生产运行、工程设备维修养护、净水消毒与水质检验等定员定额、工时定额；供水用水定额，包括人均用水定额，二三产业主要产品生产与服务用水定额等；资金及费用定额，包括生产和维修资金定额等。

制定定额要依据充分的科学测算和丰富的实践经验以及条件相似水厂的定额标准。定额要体现先进管理和技术水平，既能鼓励员工力争上游，又适当照顾本水厂的实际条件。

（四）做好计量工作

计量是用一个规定的标准已知量做单位，和同类型的未知量相比较而加以检定的过程。通常用一种计量器具来测量未知量的大小，并用数值和单位表示。计量工作是指计量检定、测试、化验分析等方面的计量技术和管理工作。计量工作在水厂生产经营管理中有十分重要的地位作用。原水水质化验的准确性在一定程度上影响着制水工艺技术参数的调整，出厂水水质检验数据的准确程度，关系到能否与卫生部门的饮用水水质监测结果衔接和水厂供水水质合格率高低，还关系到政府主管部门及广大用水户对水厂服务质量的信任程度。而出厂水量的计量与用水户用水数量的准确计量直接影响水厂水费收入。农村供水工程应当重视计量工作，根据自己的条件，配备必要的计量手段，培训操作人员正确使用计量仪表、仪器，掌握相应的计算方法，定期检修、标定计量器具，不断提高计量工作水平。

（五）做好标准化工作

按照性质，标准可分为技术标准和管理标准。技术标准是对生产对象、生产条件、生产方式等所做出的一系列技术规定。管理标准是对各项管理工作的职责、程序、方法所做的规定。标准化是对各种产品、零部件的类型、性能、尺寸及所有原材料、工艺装备、技术文件的符号、代号等加以统一规定并组织实施的技术措施。农村供水工程生产经营中会遇到所用机械、设备来自不同生产厂家，有的可能是国外进口设备，它们的性能、技术参数可能不相匹配，无法互换通用。重视和加强水厂所用产品设备的标准化、系列化，可以减少或避免出现上述问题。水厂生产经营管理中重复出现的管理业务同样有标准化、程序化的问题，做好管理标准制定，可以促进建立规范的水厂管理秩序，提高工作效率和管理水平。

（六）抓好厂容站貌与优质服务

农村供水工程办公区、生产区要经常清洁打扫，保持整洁、干净、卫生。厂（站）区内道路应硬化，合理利用空闲地绿化、美化，做到环境优美。构筑物外表、房屋外墙表面涂刷颜色明快的防水涂料并保持良好。管道、阀门、护栏等应定期涂刷防锈漆。厂房地面以及厂房内的水泵、电机、电器开关、控制柜、设备仪器，化验室的水质化验用品，办公室的办公桌、文件柜等应每天清扫擦抹，清除灰尘污渍。仓库内的药剂、备品备件按规定要求存放，安全、整齐有序。值班人员休息室应保持整齐清洁。它有利于养成员工一丝不苟、细化管理的习惯，也能对内对外展示水厂生产的内在质量与外表环境相统一。

农村供水工程应向社会做出公开优质、文明服务的承诺，设立服务热线电话，为用水户咨询、监督、举报提供条件；对外接待服务人员须佩戴服务标志，仪表大方、举止文明，热情、负责地解答处理用户提出的问题。

收费员入户查水表的抄写记录要准确，不准利用工作之便收受馈赠，严禁吃、拿、卡、要，以权谋私；因停电、检修等原因停止供水时，要采用有效方式事先通知到所有用户，尽量把检修时间安排在对用户日常生活影响较小的时段。紧急停水要设法及时通知有关乡镇政府或村委会。发现或接到管道破裂、跑水、漏水等情况，维修人员应在规定时间内到达现场进行处理，到达现场时间和一般检修所需时间都应向社会公开承诺。发现或接到举报有偷水、损坏供水设施情况，管理人员应及时到达现场制止，情况严重的，应报告当地执法机关依法处理。接到新的用水户开户安装申请后，在对外承诺期限内安排施工，用户在服务反馈信息表上对服务质量做出评价、签字。对用水户的投诉应在规定期限内给予答复并进行处理。水厂应配备必要的常用备用件、易损品及维修工具设备，公开并严格执行维修服务收费标准。水厂内各班组都应制定自己的岗位责任、工作或服务质量标准，纳入班组和个人绩效考核内容，班组和个人之间开展文明服务创优争先进活动，在全厂形成良好的优质文明服务环境氛围。

二、水厂运行管理的前期准备工作

（一）了解工程建设情况

农村供水工程"业主"或运行管理组织，如私人投资兴建水厂的老板或聘用厂长，应尽量提前了解或介入工程建设，为工程建成后的运营管理做好各项准备。应提早了解或介入的主要内容包括：从有利于水厂长期运行管理的角度，发现并指出工程设计和施工中考虑不够周到的地方，提出改进建议，如管理房的面积是否够用，布设是否合理，闸阀井、机电设备安装检修预留空间等是否满足检修人员操作要求，化验等辅助设施配备是否齐全等细节；提早熟悉和掌握工程设施、主要设备与制水工艺流程，深入了解工程施工质量和设备安装调试情况、建筑与安装中曾经出现问题的处理情况；参加工程竣工验收，作为工程资产所有者，办理水厂资产移交验收收手续。

（二）做好投产运行前的各项准备工作

许多单村或联村水厂建设项目法人与建成后要移交给的真正"业主"——村委会，不是同一个实体组织。工程验收移交给村委会或有待组建的供水管理服务站时，大量投产运行管理工作尚未准备就绪，仓促上阵可能造成运行管理工作手忙脚乱。因此做好前期准备工作，对于水厂尽快走上有序的生产经营管理轨道路是十分重要的。前期准备工作主要包括以下几方面内容。

（1）尽快健全水厂经营管理组织或者落实承包经营管理者。采用企业组织或事业单位组织形式进行管理的水厂，要由水厂上级主管单位按照规定的程序，建立健全水厂经营管理组织机构，确定岗位职责分工，通过招聘、调配等途径，配齐所有岗位的人员。由村委会或农民用水户协会负责管理的单村、联村水厂，无论是自己直接运行管理，还是委托专人负责运行管理，抑或通过公开竞价承包经营管理权（有的地方称之为"拍卖"经营管理权）确定经营管理责任人，都应当以章程或合同等具有法律约束力的文书形式，明确管理组织和具体承包、管理责任人相互之间的责任、权利和义务关系，避免出现工程投产运行后，管理责任主体"缺位""虚位"，经营管理活动无法有效监管等问题。

（2）水厂管理组织或管理责任人在办理接收、清点、保管水厂建设与竣工验收所有档案资料手续的同时，熟悉工程设施设备技术性能、技术参数、制水工艺流程、经济指标，再次详细检查水厂投产运行所需各种设备、仪器、工具及安全防护用品等是否配备齐全。

（3）制定水厂运行管理各项制度、办法、规程、细则，包括水厂内设机构组织的日常运转工作制度、生产运行日志制度、各个岗位的责任制度、净水消毒设备与工艺操作规程、机电设备操作规程，制定运行管理制度时，可参考借鉴相邻地区工程种类、供水规模、经营管理方式类似水厂的制度办法，吸取它们实施制度的实践经验、体会和教训，结合本水厂具体条件，形成有自己特点、更科学合理、更切合实际的制度和办法。制定农村供水工程管理规章制度，不要少数人关起门来做"文章"，要注意吸收中层干部和员工参与，让大家讨论，一方面学习领会规章制度精神；另一方面让大家集思广益，提出修改补充意见，增强员工执行规章制度的自觉性。

（4）对主要岗位的员工进行上岗前培训。培训方式，有条件的可"送出去"，参加正规的农村供水专业技术培训班，系统学习岗位技术业务知识；不具备条件的，可以"请进来"，聘请邻近水厂有经验的操作员工到厂进行"传帮带"，师傅带徒弟，使新手尽快掌握操作技能。关键岗位操作员工应通过培训取得上岗资格证书。

（5）购置必要的净水、消毒、化验药剂，办公桌椅、文件档案柜，制作考勤、运行日志、检修记录、化验结果等各种记录表册，筹措投产后一定时段生产运行所需周转资金。

（6）调查掌握供水服务范围内各用水村镇、企业、农民用水户的基本情况，与供水服务区的乡镇政府、村委会、村民小组，用水户代表商议确定供水方式、收费方式、供水服务质量标准。编写供水与用水宣传提纲，通过印制"明白纸"传单、电视、广播、报纸、墙报、标语等多种途径和形式，宣传水厂的服务宗旨、服务标准、服务承诺、计量方法与收费标准，疾病预防与饮水卫生、家庭环境卫生常识、节约用水常识，用水户的责任、义务与权利等，为水厂运行管理做好社会环境准备。

（7）检查用水户水表等用水计量设施安装和查表抄记条件是否完备。

（8）协助乡镇政府、村委会落实受益区内的农村管水员、收费员，进行必要的培训，落实农民收费员报酬。

三、完善运行工作条件

水厂应给运行管理现场提供必要的物质条件，主要包括以下内容：在操作台便于拿到的位置，放置与水厂生产操作运行有关的技术规范、规程、管理制度及细则等资料文本，供运行人员随时查阅；与水厂生产运行有关的各种图表资料，包括水厂电气系统、油气水系统、主辅机组系统，药剂制备投加系统技术资料，以及各种构筑物、管道、闸阀布置图等图纸资料；运行日志、值班长记事本、设施设备缺陷登记卡、事故记录本、指挥调度命令记录本等表格；现场必备的操作、维护设备所需的维修材料和用电、防毒、防火等安全防护器具用品等。良好的工作和值班环境，运行人员在水厂生产现场昼夜轮流值班，作息时间经常变化，水厂负责人要为他们的值班工作提供良好的工作环境和后勤保障，如降低噪声、冬季取暖、夏季降温等。

四、供水服务方式

农村供水工程与城市自来水供水服务的主要区别之一是供水方式多样化。受农村居民生活用水习惯和供水工程经济运行特点等因素限制，常用的农村供水方式有全天供水、定时供水、定量供水等几种。

（一）全天供水

全天供水适用于水源水量充足、供水规模较大、制水成本相对较低、调蓄能力较强，以及有自动控制恒压供水设施的工程。乡镇供水和较大单村供水工程多采用这种方式。采用这类供水方式的工程，一要加强输配水管网巡查维护，防止跑、冒、滴、漏等浪费水的现象发生；二是调蓄能力较强的工程要避免蓄水时间过长，防止水质发生变化，一般情况下，夏季蓄水时间不应超过 3d，冬季不应超过 5d；三要加强用水计量和收费管理，杜绝不合理用水。

（二）定时供水

不少地区水厂采用定时供水，严格地讲，它不符合现代供水要求，难以满足农村居民提高生活质量对供水方便程度的要求，但它简便易行，能为一些地方的村民所接受，可视为农村自来水发展进程中的初级阶段。农户生活用水量本来就不多，白天大部分时间到农田劳动作业，夜间基本不用水，同时许多农民家庭配有水缸等储水器具，一次储水可用 1~2d。这种供水方式的优点是可以避免频繁开机上水，减少管理人员工作量，降低供水成本。其缺点是农户用水不大方便，家庭储水容易产生二次污染，水质卫生不易得到保障。定时供水的时间多为早、中、晚三个时段，具体供水时间长短视当地农民用水情况而定。

（三）定量供水

一些缺水的偏远地区，供水工程的水源水量不足，或发生较严重季节性干旱，水源来水量大幅度减少的时候，需要采取分片区定量供水，限时供水，只保证生活饮用最低需求的水量，严格限制生产用水。这种供水方式要求水厂管理人员平时详细掌握受益区内各分支管道供水户数、储水器具、用水量等情况，提前制订合理的分区分片定量供水方案。出现需要定量供水的情况时，将定量供水办法通知到所有用水户，尽量减少因限制供水对用水户生活生产带来的不利影响。

第二节　水费计收与管理标准

2022 年 12 月国家发展和改革委员会颁发的《水利工程供水价格管理办法》第五条规定：制定和调整水利工程供水价格遵循激励约束并重、用户公平负担、发挥市场作用的原则。作为水利工程组成部分的农村供水工程，其供水水价制定和水费计收，无疑应当执行这一规定。但是在实际工作中，受农村供水对象经济负担能力和付费意愿影响，地方政府物价主管部门审批水价或农村集体组织与村民协商自己所管工程的水费收取标准时，不得不采用各种更切合农村实际情况的简化方法或变通做法。

一、成本测算与成本管理

（一）成本测算

《水利工程供水价格管理办法》第十四条规定：供水价格按供水业务准许收入除以计价点核定售水量确定。虽然多数农村供水工程水价难以严格执行这一定价原则，但作为商品水的生产企业或事业单位，必须要有完整的成本概念，知道自己制作的制水的完整成本数值。这是加强和改进水厂经营管理、提高经济与社会效益的基础工作。

1. 供水生产成本

供水生产成本由正常供水生产过程中发生的直接工资、直接材料、其他直接支出以及制造费用四部分构成。直接材料包括制水生产过程中消耗的原水、药剂等主辅材料、备品备件、燃料、动力等；其他直接支出包括直接从事供水生产人员和生产经营人员的职工福利费以及实际发生的工程观测费、临时设施费等；制造费包括管理人员工资、职工福利费、固定资产折旧费、修理费、水资源费、水电费、机物料消耗、运输费、办公费、差旅费、试验检测费等。

2. 供水生产费用

供水生产费用是指水厂为组织和管理供水生产经营而发生的合理销售费用、管理费用和财务费用，统称期间费用。它也由四部分组成，即销售费用、管理费用、财务费用和偿还贷款。销售费用包括委托代收水费的手续费，销售部门人员工资、职工福利、差旅、办公、折旧、修理、物料消耗、低值易耗品摊销等其他费用；管理费用包括供水经营、管理机构的各种经费，如工会经费、职工教育经费、劳动保险、技术开发、业务招待、坏账损失、毁损等；财务费用包括水厂为筹集资金而发生的费用，包括利息支出等；偿还贷款是指有些供水工程要归还建设或改造中使用贷款的本金。

3. 单位供水量生产成本测算

上述生产成本和生产费用构成内容项目众多，很详细，主要适用于有一定规模、财务管理比较正规的乡镇自来水厂。绝大多数规模较小、生产经营管理活动比较简单的农村水厂，分不大清楚生产成本与生产费用，习惯上简化为包括固定资产折旧费的"全成本"和不含固定资产折旧费的"运行成本"。全成本又被称为生产总成本，由以下几部分组成：生产管理人员、工资或报酬、电费、维护修理费、药剂费、管理费、固定资产折旧费、水源费和其他费用等。单位供水量的生产成本测算公式为

$$单位供水生产成本 = \frac{年供水生产总成本}{设计年供水产总量}$$

缺乏实际发生或观测资料时，供水生产总成本各项构成可参考以下方法进行估算。

（1）生产经营管理人员工资或报酬：根据工程规模和经营管理方式，用核定的生产经营管理人员数×过去3年当地同类企业或事业单位人均年工资。村集体组织管理的农村水厂承包管理者多为当地农民，不是专职管理人员，他们还兼顾从事家庭种养等其他工作，经营管理组织付给他们的是误工报酬，与正规水厂职工的"工资"有所不同。

（2）电费：设计年供水总量×设计单位供水量耗电量×当地价格主管部门批准的农村饮水安全工程用电价格。

（3）维护修理费：一般取固定资产原值的2.5%～3.0%。

（4）药剂费：设计供水总量×单位供水量耗用药剂量×药剂单价。

（5）管理费：一般取年工资（或报酬）总额的 1/3。

（6）原水水费及水资源费：设计年用水量×（原水供水水价＋水资源费），这里的原水水费是指水厂从水库、泵站等其他单独经营管理的蓄引提水源工程取水时支付的费用。

（7）固定资产折旧费：固定资产原值×年折旧率。规模较大的农村供水工程固定资产折旧费应当按供水工程主要组成部分分项计算，农村供水工程固定资产原值可按供水工程建设总投资的 70%～80% 估算；综合折旧率可按固定资产原值的 4.7% 估算。

（8）其他费用：按规定应列入供水成本并开支的其他费用，一般可按上述几项费用之和的 3%～5% 估算。

单位供水量生产成本是水厂工程建设的可行性研究与设计阶段分析评价其经济合理性的主要经济指标之一，也是物价主管部门审批水价或农村集体组织征求村民对水费计收标准意见时的重要依据。

（二）成本管理

成本管理是财务管理的重要内容，也是水厂经营管理的主要任务之一。供水生产成本管理的主要任务是核算和监督供水工程在制水生产与供水销售过程中所发生的各项生产费用，准确地计算供水成本，考核成本计划的执行情况，合理地使用人力、物力、财力，挖掘内部潜力，寻求不断降低成本的途径。控制和降低供水生产成本，就意味着减轻农民用水户的水费负担，提高农民使用符合卫生标准的安全饮用水的意愿和支付能力，同时也能增加水厂的供水量，提高水厂经济效益，另外也可以减轻地方公共财政对农村供水工程政策性经营亏损补贴的压力。加强水厂生产成本管理，一是做好原始记录等成本管理基础工作，保证成本核算的真实可靠；二是严格遵守成本开支范围，划清各项费用界限。

成本管理的主要做法：一是确定目标成本。根据上一年制水生产和供水销售成本情况，综合考虑水厂内外环境变化，提出目标成本，作为成本管理的努力目标。二是编制成本计划。成本计划是进行成本控制和成本核算、成本分析的依据。切合实际、可操作性强的成本计划容易调动相关人员挖掘潜力、降低成本的积极性，是提高水厂效益的重要工具。三是进行成本控制。通过经常地对所发生的生产成本和销售费用的监督和纠偏，使之符合成本计划，努力使本水厂成本计划各项指标向同类农村供水工程的先进成本指标看齐。

作为核定水厂供水价格依据的供水成本，应当是合理成本，是水厂生产经营管理活动中发生的符合国家有关规定和财务会计制度规定的成本和费用。应当剔除人为的、偶然的、非正常生产经营管理活动造成的不合理成本。例如，人员工资支出在很多水厂生产成本中占比较大。事业单位性质水厂成本控制最大的难题之一是难以控制水厂员工数量，上级主管部门和掌握一定权力的关系单位不断要水厂或供水站接纳本来不需要的人员，造成人员超编，进而带来人员工资、福利费开支所占比例越来越大。解决这类问题的根本出路是将成本支出构成公开、透明，让社会和广大用水户参与监督管理。电费支出过高也是不少农村供水工程成本管理面临的很大难题，有的占到总成本的 1/3，甚至 1/2。降低电费支出，除了通过节能降耗技术改造挖潜外，行业主管部门应积极争取地方政府对农村供水生产用电电价给予更多优惠倾斜。

二、水价核定

（一）水价核定原则

农村供水水价核定原则有五点：一是补偿成本，二是合理收益，三是优质优价，四是公平负担，五是适时调整。

1. 补偿成本

价格是价值的货币体现。农村供水价格实行政府定价和政府指导价下的农民自治管水组织民主协商定价两种方式。补偿成本就是用水户按照经一定审批程序确定的合理水价标准交纳水费，用来补偿水厂供水的生产成本，这是保证农村供水工程正常、持久进行供水生产经营活动的基本条件。对一般商品生产和销售来说，商品价格不能低于成本，否则生产经营者会把自己垫付的生产经营资金甚至固定资产都赔进去，简单再生产就难以为继，更谈不上扩大再生产。这是市场经济条件下商品生产销售的基本要求。水价审批部门和农民自治管水组织定价的首要依据是回收供水生产成本。但是只强调这一条原则还不够。农村供水的特点是以向农村居民提供生活饮用水服务为主。让农民都喝上符合国家卫生标准的饮用水，既是国家公共改革的要求，也是水厂必须实现的目标。不少地方农村居民有从手压井、池塘、山泉等水源工程取用当地天然水的习惯，虽然水质不一定很好，但不花钱用水是农民看得很重的一个因素。农村供水价格定得超过农民经济负担能力或心理承受能力时，农民会少用或不用供水工程的水，转而使用未经净化消毒处理的天然水。这将影响国家制定的农村饮水安全目标的实现。因此，农村供水价格核定原则要兼顾两个方面：一方面要考虑维持水厂正常运行的需要；另一方面还要考虑农村居民经济负担能力和水费支付意愿。这也是目前各地农村供水水厂把"生产成本"分成"全成本"和"运行成本"两个目标成本，当无法做到补偿全成本时，起码应努力实现补偿运行成本的理由所在。

2. 合理收益

农村供水工程所供出的水具有商品属性，属特殊商品。按照商品价值理论，商品价值由三部分组成：一是生产过程中耗费的生产资料；二是劳动者活劳动消耗所创造的价值中归个人支配的部分，主要是以工资形式支付给劳动者的劳动报酬；三是劳动者活劳动消耗所创造的价值中归社会支配，以税金和利润形式进行分配的部分。其中税金是国家的收益，利润则是归投资者支配的收益。按照《水利工程供水价格管理办法》规定：社会资本投入形成的供水有效资产，权益资本收益率综合考虑工程运行状况、供水结构、下游用户承受能力等因素，按监管周期初始年前一年国家 10 年期国债平均收益率加不超过 4 个百分点确定；政府资本金注入形成的供水有效资产，权益资本收益率按不超过监管周期初始年前一年国家 10 年期国债平均收益率确定。因此，水厂应当按照当地政府有关规定向税务部门交纳营业税等税金，当二、三产业用水占比重较大，实现盈利时，还应交纳所得税。

3. 优质优价

一些地方淡水资源十分紧缺，不得不使用的劣质原水处理成本往往很高、成本水价远超出当地多数农民负担能力时，实行分质供水、优质优价就成为一种可行的方法。经过市场净化处理，达到国家饮用水卫生标准的合格饮用水，采用桶装或管道输送，按成本水价或略低于供水成本的价格提供给农民，用于饮用和餐食加工。而只经过简单净化处理，水质有所改善，虽不符合国家生活饮用水卫生标准，但用于洗衣、家庭环境清洁等生活日用，不致对身体健康构成直接危害的一般供水，以较便宜的价格提供给农民。这样做，既体现出水资源稀缺地区价格对调节供求关系的作用，促进节约用水，同时也不失社会公平，体现基本公共服务均等化的精神。

4. 公平负担

公平负担有两层含义：一是指个别水厂与水库等水利工程合在一起，组成一个管理机构，水库具有提供供水水源、防洪、灌溉等多种功能，供水生产成本应是该项综合利用工程分摊防洪、灌溉等其他生产运行成本之后的成本；二是指在不同用水类别之间合理分摊，有一定规模的乡镇水厂，除为乡村居民提供生活饮用水外，常常同时向工矿企业、商业、机关事业单位供水。水厂对这些用户的供水价格有别于乡村居民生活饮用水，定价原则按补偿成本加合理利润考虑。合理分摊和区别对待政策都是公平负担原则的具体体现。

5. 适时调整

水厂的供水价格不能一成不变。根据区域经济社会发展、水厂生产成本变化以及乡村居民收入水平提高、交纳水费意愿增强，适时调整水价既是完善水价行程机制，逐步向补偿成本的目标靠近，直至达到补偿成本的需要，也是发挥价格杠杆在促进农村供水事业发展中作用的客观要求。水价调整不能过于频繁，要相对保持稳定，既要考虑水厂的良性运行需要，还要考虑所在区域大的经济形势、物价总体水平和社会稳定等因素。

（二）水价核定与审批

1. 水价核定

根据《水利工程供水价格管理办法》的规定，单位供水成本水价为

$$单位供水成本水价 = \frac{年实际供水总成本 + 年利润 + 年税金}{年实际供水总量}$$

式中，年实际供水总成本为核算年份水厂实际发生的人员工资（报酬）、原水水费及水资源费、电费、维护修理费、药剂费、管理费、固定资产折旧费以及按规定列入成本的其他费用总和。其中，可以纳入供水价格的税金包括所得税、城市维护建设税、教育费附加，依据国家现行相关税法规定核定。

农村集体组织管理的供水工程难以按规定计提固定资产折旧费，甚至维持日常运行维护都很勉强时，供水工程收费标准就不应该考虑利润，税金也应该按有关部门规定给予减免。这时的供水收费标准应按下式计算：

$$供水收费标准 = \frac{年运行成本}{年实际供水总量}$$

式中，年运行成本包括管理人员报酬、电费、药剂费、维护修理费等几项。

2. 水价审批

乡镇水厂和较大的联村水厂的供水价格一般由县级价格主管部门会同水行政主管部门审批，审批程序如下。

（1）水厂管理单位进行供水成本测算，编写调整水价申请报告，向上级水行政主管部门和物价主管提出申请。

（2）县级水行政主管部门会同物价主管部门组织调研，了解水厂供水生产成本和运营

实际情况，协商提出批复价格初步方案。

（3）价格主管部门组织召开水价调整听证会，听取各种类型的用水户代表对水价调整方案的意见，听证会还应邀请人大、政协、国家发展改革委、财政、监察等有关部门代表，以及非用水户的社会知名人士参加。

（4）在充分考虑吸收各方面意见的基础上，物价主管部门批准执行水价。

对于农村集体组织负责管理的单村或联村水厂，供水水费计收标准，一般是参照县级物价主管部门和水行政主管部门提出的指导价格（收费标准），由村委会或农民用水户协会召开村民（用水户）代表会议，在民主协商基础上确定执行收费标准。

三、水价制度

（一）两部制水价

国家发展和改革委员会 2022 年发布的《水利工程供水价格管理办法》中第三章第十八条规定："新建重大水利工程实行基本水价和计量水价相结合的两部制水价，原有工程具备条件的可实行两部制水价。基本水价按照适当补偿工程基本运行维护费用、合理偿还贷款本息的原则核定，原则上不超过综合水价的 50%。"

两部制水价的实质是对供水生产成本、费用中的固定成本和可变成本实行不同的补偿方式，即固定成本由基本水价补偿，可变成本由计量水价补偿。对农村供水来说，在供水水价低于供水成本的情况下，基本水价以兼顾保持水厂最低限度日常运行和农民可接受为原则确定。例如有的地方规定，农村水厂无论用水户用水与否、用水多少，水厂收取每人每月 1 元钱的基本水费，有的地方规定，水厂向每户每月收取 3 元基本水费。在基本水费之外，按用水数量计量收费。

（二）超定额累进加价

超定额累进加价是指根据用水户的合理、基本用水需求，规定用水定额，定额内用水实行正常价格，超过合理水平的用水，实行高出正常价格的水价，超过定额用水量越多，水价越高。这一方法既公平，不使农村居民基本生活用水经济负担过大，同时也体现了稀缺资源的价值，促进节约用水。实行超定额累进加价办法，需要制定符合实际、科学合理的用水定额，以及完备的计量手段和健全的收费管理服务体系。

四、水费计收管理

"计收"是计量收费的简称。有人用"征收水费"表述这项工作是不确切的。"征收"有利用强制性行政权力向用水户收费的含义。有偿供水、计量收费，做好水费计收工作，是做好农村供水工程经营管理的关键环节之一，事关水厂能否维持正常运行和充满生机活力，同时它又是农村供水经营管理中的难题之一。农村供水水费计收会遇到许多城市供水没有的问题，如上面提到的一些农户有手压井等"自备"水源，还有人口流动性大、户籍人数与实际用水人数不一致、留守农村的许多老人没有付费用水的习惯等。水费计收管理的主要任务是：编制水费计收计划，掌握用水户用水情况，与用水户配合做好水表维护；按规定时间完成用水户用水抄表计量和收费；按规定上交所收水费。

（一）水费计收方式

（1）抄表计量收费。水厂的专职收费员或水厂委托村管水员按规月或季度入户抄表计量收费，开具当地有关主管部门统一印制的收费收据，收取的水费按时上缴水厂财务部门。收费人员抄表时应留心分析各用水户用水量的合理性，发现不正常情况，如管道漏水或个别用户偷水等，及时向水厂管理组织报告。

（2）按人包月收费。有些农村供水工程用水计量设施不完善，采用按农户人口计数，不管用水数量多少，每人每月收取统一规定的水费。水费标准应经村民代表会议讨论通过，一般以补偿电费、管理人员工资报酬和日常维修费用支出为原则。这种方法虽然简便易行，但属于落后的水费计收方式。一是不利于促使人们树立节约用水意识和节水习惯，个别农户用经过净化消毒处理的自来水浇灌房前屋后蔬菜、庄稼；二是不利于在用水户之间建立公平用水环境，容易引发用水户之间的矛盾纠纷；三是部分用水户的无节制用水会影响管网末梢供水压力和出水量。

个别地方实行免收水费的福利供水，多出现在村集体经济实力比较强，乡村干部对国家有关计量收费政策不熟悉或执行法规政策意识不强的地方。供水工程的生产运行成本由村集体组织统一代付。这样做虽然村委会减少了水费计收工作量，但也淡化了村民对供水工程的主人翁责任感，弱化了村民珍惜水、节约用水的意识，是一种违反国家有关规定的供水管理方式。村集体组织经济实力强，有能力为村民提供更多福利待遇，可以通过提高村民退休养老费或年终分红等途径体现，而不能用喝"大锅水"的福利供水方式管理供水工程。它与建立社会主义市场经济体制的原则和要求相违背，不利于实现农村供水事业可持续发展和水资源可持续利用的目标。

（二）抄表收费员岗位责任与服务要求

抄表收费主要严格按规定时间对用户水表抄记用水数量，做到抄表数字准确，计价无差错；给用户开具统一印制的收费收据，收取的水费按时上缴水厂财会部门，不得截留、挪用、坐支；有条件的水厂应做到抄表与收费二人分开单独履行职责，互相监督，避免弄虚作假、以权谋私。抄表收费员应建立用水户用水量登记本，熟悉用水户基本情况，分析用水户用水量变化的合理性；对偷水、私接水管等现象及时向水厂负责人报告。

五、用水户服务

农村供水工程管理组织在确保完成向用水户提供饮水安全保障服务的同时，还要做好其他相关服务工作，如对用水户登记造册，发放用水户手册。用水户手册的内容包括：用水户家庭人口等基本情况、用水定额、当地物价部门批准或村民代表会议民主议事决定的水费计收标准，饮用水卫生常识和户内管道、水表、阀门等设施使用维护须知等。与用水户的用水手册相对应，水厂经营管理组织应逐户建立用水户登记卡片，记载用水户住址、家庭人口、入户管道布设和水表位置、规格等基本情况。

新增用水户需先向供水经营管理组织提出书面用水申请，缴纳当地行业主管部门批准的入户管道、水表等材料购置及施工安装费用，或者按经村民代表会议民主议事程序通过的收费规定执行。然后水厂工程技术人员进行现场勘查，制定实施方案，并组织施工。入户设施施工安装完毕，经供水经营管理组织和用水户双方认可合格后，发放用水户手册，登记水表初始读数，方可正式供水。

农村供水工程经营管理组织要贯彻执行并通过多种生动活泼的形式，宣传国家有关节约用水、饮水卫生与疾病预防、农村公共卫生等方面的方针政策和知识，增强乡村居民饮水安全意识、节水意识，制订用水定额和用水计划，加强供水设施尤其是管网维护管理，减少跑冒滴漏；推广普及节水器具、节水技术与日常生活节水常识，引导乡村居民逐步改变不健康、不合理的生活习惯和用水陋习。

第三节　应　急　管　理

一、供水应急事故的分类和应急管理原则

（一）供水应急事故分类

按照《国家突发公共事件总体应急预案》中的定义，突发公共事件是指突然发生，造成或者可能造成重大人员伤亡、财产损失、生态环境破坏和严重社会危害，危及公共安全的紧急事件。突发性事件超越了传统安全的概念。对于农村供水而言，主要的突发事件有自然和人为之分。突发事件的出现具有偶然性，但是一旦发生，将严重影响供水安全。农村供水突发性事件包括：一是发生特大旱情，导致饮用水水源取水量严重不足；二是饮用水水源保护区或供水设施遭受生物、化学、毒剂、病毒、油污、放射性物质等污染，致使水质不达标；三是地震、洪水、泥石流、火灾等自然灾害导致供水水源枢纽工程、供水工程建筑物构筑物、机电设备或输配水管网遭到破坏；四是爆破、采矿等生产活动导致供水工程水源枯竭；五是因人为破坏导致供水安全突发事件等。

供水安全突发性事件一般按照事件性质、严重程度、可控性和影响范围等因素分级，并采取相应的应急管理措施。各地的分级不尽相同。现以四川农村供水安全突发性事故分级为例加以说明。四川省将农村供水安全突发性事件分为三级：Ⅰ级（重大）、Ⅱ级（较大）、Ⅲ级（一般）。其具体如下。

1.Ⅰ级（重大供水安全事件）

凡符合下列情形之一的，为重大供水安全事件。

（1）因供水工程水源枯竭造成连续停水 48h 以上（含 48h）或严重缺水（指人均日饮用水量不到 5L）72h 以上（含 72h），影响范围为集镇 5000 人以上（含 5000 人）或分散农户 1 万人以上（含 1 万人，2km 范围内找不到替代水源）。

（2）因供水水质不达标等原因致使 3 人以上（含 3 人）死亡或 50 人以上（含 50 人）集体中毒事件发生。

（3）因自然灾害或人为破坏造成农村 5000 人以上（含 5000 人）的突发性停水事件。

2.Ⅱ级（较大供水安全事件）

凡符合下列情形之一的，为较大供水安全事件。

（1）因供水工程水源枯竭造成连续停水 48h 以上（含 48h）或严重缺水 72h 以上（含 72h），影响范围为集镇 3000 人以上（含 3000 人）5000 人以下（不含 5000 人）或分散农户 5000 人以上（含 5000 人）1 万人以下（不含 1 万人，2km 范围内找不到替代水源）。

（2）因供水水质不达标等原因致使 2 人死亡或 30 人以上（含 30 人）50 人以下（不含 50 人）集体中毒事件发生。

（3）因自然灾害或人为破坏造成农村 3000 人以上（含 3000 人）5000 人以下（不含 5000 人）的突发性停水事件。

3. Ⅲ级（一般供水安全事件）

凡符合下列情形之一的，为一般供水安全事件。

（1）因供水工程水源枯竭造成连续停水 48h 以上（含 48h）或严重缺水 72h 以上（含 72h），影响范围为集镇 1000 人以上（含 1000 人）3000 人以下（不含 3000 人）或分散农户 3000 人以上（含 3000 人）5000 人以下（不含 5000 人，2km 范围内找不到替代水源）。

（2）因供水水质不达标等原因致使 1 人死亡或 5 人以上（含 5 人）30 人以下（不含 30 人）集体中毒事件发生。

（3）因自然灾害或人为破坏造成农村 1000 人以上（含 1000 人）3000 人以下（不含 3000 人）的突发性停水事件。

（二）应急管理原则

农村供水工程的正常运行关系到农村居民的饮水安全。供水单位必须正确应对和高效处置农村供水安全突发性事件，最大限度地减小供水事故对群众生活、生产的影响，保障人民群众饮水安全，维护人的生命健康和社会稳定。在遇到突发事件的情况下，应遵循"以人为本，预防为主，统一领导，分级负责，分工合作，快速反应"等原则，提高应对突发供水事故的能力，保障当地农村居民的正常生产生活和社会稳定。

（1）以人为本，预防为主。把保障人民群众的生命健康和饮水安全作为首要任务，建立健全预防预警机制。加强培训、演练，强化应急准备和应急响应能力，鼓励群众报告突发性供水安全事件及其隐患，及时处置可能导致事故的隐患。

（2）统一领导，分级负责。分级建立农村供水安全应急指挥机构，制订当地的应急预案，确定不同等级的安全事件及其对策，落实应急责任机制。

（3）统筹安排，分工合作。以政府为主体，整合资源，统筹安排各部门应急工作任务，加强协调配合和分工合作，处理好日常业务和应急工作的关系。

（4）快速反应，有效控制。突发性事件发生以后，各级应急指挥小组应根据应急要求快速做出反应，组织会商，启动相应预案，有效控制事态蔓延。

二、突发事件的应急处理机制

（一）机构和职责

突发事件的应急管理机制，一般包括以下六个方面的内容：一是健全应急管理机构；二是建立、完善、规范各类各级应急响应机制；三是制定供水应急预案；四是储备应急物资，建立应急辅助决策专家库；五是完善汛情、险情、灾情信息的收集、传输体系；六是做好应急事件的事后评估、总结工作。

对于突发事件，政府、监管机构和企业需要投入足够力量预防，并且在突发事件出现的情况下确保供水安全。农村供水单位应在当地政府的农村供水事故应急指挥机构的领导和指挥下，开展供水应急处置及管理工作。各农村供水单位都须成立供水应急管理机构，领导和指挥本单位的供水事故应急工作。具体负责供水工程的抢修、除险以及临时供水和当地供水事故应急预案的相关工作。村镇共水管理单位的供水应急机构由单位领导和各有关部门负责人及其有关人员组成。单村供水工程的应急机构由村委会和水管站负责人组成。其主要职责包括以下几方面。

（1）组织编制供水应急预案。

（2）督促、检查供水系统的安全运行，开展供水应急预案的经常性宣传，组织相关人员定期进行供水应急演练。

（3）提前储备供水应急的材料、设备及物资等，对供水隐患进行经常性排查，做好重大节假日的供水安全检查工作。

（4）在供水事故发生后按规定做好供水应急事故（事件）的信息报告和传达，具体做好供水单位应急预案的组织实施工作，负责供水工程的抢修、除险以及临时供水等工作。

（5）参与供水事故（事件）的调查和后期处理，总结经验教训，修订和完善供水应急预案。

（6）指挥机构委托和交办的其他工作。

（二）突发事件应急处理程序

当初步判断发生水污染事件时，要立即启动安全饮水突发事件应急预案。首先，要立即切断供水水源，采取临时供水措施，如图 8-1 所示；其次，要迅速上报信息，建立上下互动的处理机制；最后，要做好事发地群众的安抚工作，保障社会稳定。

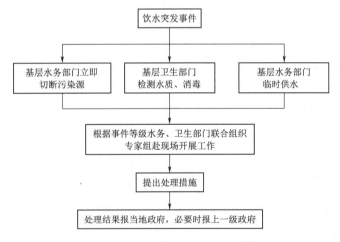

图 8-1 突发事件应急处理程序

第九章

安 全 生 产 与 节 能

第一节　安全生产管理

做好农村供水工程的安全生产管理既是国家法规政策的强制要求，也是规范生产运行、保护劳动者的生命安全、身体健康和社会稳定的需要。安全生产在一定程度上也关系着水厂供水安全目标能否顺利实现。农村供水工程生产过程中会使用可能对人体健康和安全构成威胁的消毒药剂，有些药剂为易燃易爆物品，运输、储存、配制、投加等诸多环节都涉及安全生产管理。水厂的机电设备操作运行也涉及防触电、防火、防人身伤害等要求。安全生产管理的效果如何，主要取决于管理者和员工对安全的认识水平和责任感。安全生产管理的基础是"全员参与"。

一、安全教育

安全生产教育是指对农村供水工程人员进行安全生产法律、法规及安全专业知识等方面的教育，安全意识的培养以及岗位技能训练、应急救援演练等。安全生产检查是消除农村供水工程安全隐患，防止事故发生和职业危害，改善劳动条件的重要手段，也是安全卫生管理工作的一项重要内容。

（一）安全教育培训是确保安全生产的基础

开展切实有效的安全生产教育培训，提高水厂管理人员和作业人员的安全意识、安全防护和操作技能，杜绝违章指挥、违章作业、违反劳动纪律的"三违"现象，减少、防止伤亡事故的发生，是安全管理的一项基础性工作，是保证安全生产的基础。

1. 开展安全教育培训的必要性

安全生产需要多方面工作的协调才能实现，在众多的因素中，人和物是安全生产的两大关键要素。

人的要素包括人的安全素质（心理与生理、安全能力、文化素质）和人的不安全行为。对安全生产而言，一方面，人的综合能力和意识可以使安全生产向积极方向发展，表现为事故减少的趋势；另一方面，人的不安全行为又是事故发生的最直接因素，同时也是最终受害者。凡是人应尽的责任没有做到而发生事故，应确认为"人"的不安全因素。

物的要素是指物的安全可靠性（设计安全性、制造安全性、使用安全性）和不安全状态。而物的安全可靠性和不安全状态是由人操作的。"人"是安全的决定性因素，一切事故的发生都与人的劳动或管理上的失误、失职行为有必然的因果关系。

因此，人和物互相影响，构成了人的不安全行为和物的不安全状态，而这一切只有通过教育培训才能提高。

2. 安全教育培训的强制性

国家十分重视安全教育培训工作，并以法律、法规的形式予以明确。《中华人民共和国安全生产法》第二十七条对生产经营单位的主要负责人和安全生产管理人员的安全生产知识和管理能力等都做了明确规定；第二十八条、第二十九条对从业人员的教育培训提出了要求；在法律责任上，第九十七条规定了未按要求对从业人员进行教育培训，特种作业人员未经培训持证上岗的生产经营单位要进行处罚。《中华人民共和国劳动法》第五十二条、第五十五条也对安全教育培训提出明确要求。安全教育培训是法律所规定的，农村供水工程必须认真贯彻执行，确保安全生产。

（二）安全教育的内容

对农村供水工程主要负责人的安全教育，重点在国家有关方针政策、安全法规、标准的教育。通过培训使之能树立安全生产第一的意识，承担起"安全生产第一责任人"的责任。对职工的安全教育，主要是掌握安全生产的知识和规律。训练职工的生产安全技能，以保证在水厂生产过程中安全操作、提高工效；安全教育的形式包括日常教育、季节教育、节日教育、检修前的安全教育等。

归纳起来，安全教育的内容主要包括以下几个方面。

1. 劳动保护方针政策教育

对职工进行国家有关安全生产的方针、政策、法令、法规、制度的宣传教育，通过教育提高全体职工对安全生产重要意义的认识，了解和懂得国家对安全生产的法律、法规和水厂各项安全生产规章制度的内容，贯彻执行"安全第一，预防为主"的方针，依法进行安全生产，依法保护自身安全与健康权益。

2. 安全生产情感教育

要根据职工的心理特点，对职工进行安全生产的情感教育，用亲情编织安全网络，用真情教育职工，用感情呼唤安全行为，促使职工树立做好安全生产工作的情感和情绪，使职工明白安全生产与自己的安全、健康及家庭幸福密切相关，与集体的荣誉密切相关。以此来激发职工做好安全生产工作的良好情感和情绪，用心做好安全生产。

3. 安全技术知识教育

安全技术知识教育包括生产技术知识、一般安全技术知识和专业安全技术知识教育。

生产技术知识的主要内容是：班组的生产概况，生产技术要点，作业方法或工艺流程，与之配套的各种机器设备，所用药剂的性能和有关知识，本厂操作人员在制水生产中积累的经验重点是与安全生产有关的生产技术知识。

一般安全技术知识主要包括：班组内危险设备和区域的，安全防护基本知识和注意事项，本水厂有关防火、防爆、防尘、防毒等方面的基本要求，个人防护用品性能和正确使用方法，本岗位各种工具、器具以及安全防护装置的作用、性能以及使用、维护、保养方法等有关知识。

专业安全技术知识教育，是指对某一工种的职工进行必须具备的专业安全知识教育。

对农村供水工程来说，主要包括净水、消毒剂的购买，加工制作，储存，运输等各个环节中的防火、防泄漏等方面的内容。机电设备使用中的防雷击、防触电等也包括在内。

通过教育，提高生产技能，防止误操作；掌握操作人员必须具备的安全技术知识，能适应对水厂危险因素的识别、预防和处理。而对于特殊工种的工人，则是进一步掌握专门的安全技术知识，防止受特殊危险因素的危害。

4. 安全管理理论和方法的教育

通过教育使水厂负责人乃至中层干部掌握基本的安全管理理论和方法，提高安全管理水平；使操作员工了解事故发生的一般规律，增强遵章守纪的自觉性。总结以往安全管理的经验，推广现代安全管理方法的应用。

5. 典型案例和事故教训教育

典型经验教育是在安全生产教育中结合典型案例进行的教育。它具有榜样的作用，有影响力大、说服力强的特点。结合这些典型案例进行宣传教育，可以对照先进找差距，有现实的指导意义。

在安全生产教育中结合厂内外典型事故教训进行教育，可以直观地看到由于事故给受害者造成的危害，给家人带来的负面影响，给水厂正常生产和财产造成的损失，使职工能从中吸取教训，举一反三，经常检查各自岗位上的事故隐患，熟悉本班组易发生事故部位，从而采取措施，避免各种事故的发生，还可以有针对性地开展预防事故演习活动，以增强职工控制事故的能力。

6. 新入厂职工的安全教育内容

（1）了解本班组的生产特点、作业环境、危险区域、设备状况、消防设施等。重点介绍高温、高压、易燃易爆、有毒有害、腐蚀、触电等方面可能导致发生事故的危险因素，本班组容易出事故的部位和典型事故案例的剖析。

（2）讲解本工种的安全操作规程和岗位责任，重点讲思想上应时刻重视安全生产，自觉遵守净水消毒药剂加工储存、投加等安全操作规程，不违章作业；爱护和正确使用机器设备和工具；介绍作业环境的安全检查和交接班制度。告诉新工人出了事故或发现了事故隐患，应及时报告领导，采取措施。

（3）讲解如何正确使用、爱护劳动保护用品和文明生产的要求。强调在有毒有害物质场所操作，佩戴符合防护要求的面具等。

（4）进行安全操作示范。组织重视安全、技术熟练、富有经验的老工人进行安全操作示范，边示范、边讲解，重点讲安全操作要领，说明怎样操作是危险的、怎样操作是安全的，不遵守操作规程将会造成的严重后果。

培训内容既要全面，又要突出重点，讲授要深入浅出，最好边讲解、边参观、边试操作。培训后进行考试，以便加深印象。

（三）切实做好安全教育

安全教育与安全生产有着密切的关系，要做好安全生产必须重视安全教育工作，要充分认识到安全教育在安全生产中的重要性、必要性和强制性，在安全教育培训的过程中不断探索培训的方法和途径，只有真正重视和持久地抓好安全教育培训，才能全面提高职工的综合素质。

1. 安全教育须每天进行

班前会要讲解一天的工作内容和安全要求，并要求操作人员互相提醒检查、互相监督。提高工作人员"我要安全"的意识及"我懂安全"的技能，落实"我要安全"的责任，完成"我保安全"的任务，实现班组"三无"（个人无违章、岗位无隐患、班组无事故）。

2. 注重教育培训形式和效果

安全培训必须保证质量，切不可搞形式主义、走过场、满足于应付检查。要采取形式多样、培训对象易于接受的形式，才能起到事半功倍的效果。培训教育应坚持"四化"：步骤程序化，从制订计划、挑选安排教员、教师备课、实施培训、建立培训档案等，均按步骤进行；内容规范化，在一个县级或地市范围内，尽量做到统一教材、统一教学大纲、统一考试试题、统一评分办法、统一建档保存；形式多样化，课堂培训、电视录像要结合案例宣传违章作业的危害性，启发学员进一步增强责任感。现场讲课，找隐患、找违章，提出整改措施，如何应对事故、急救演习。此外，还可利用电视、标语、宣传画等新闻媒体和宣传工具进行教育，利用安全知识竞赛、演讲会、研讨会、座谈会等多种形式进行广泛的连续性的安全教育。

3. 坚持安全教育全员化

安全培训教育应针对生产实际和职工的作业安全需求，采取集中与分散、班前会、专业会、脱产外培等多种形式，分析典型经验或事故案例，对要害岗位、特种作业人员、新上岗或换岗人员进行经常性安全知识和操作技能培训，不断增强职工自保、互保和联保责任意识。提高处理和防范事故能力和自我保护能力，从而避免和杜绝各类事故发生。

二、安全检查

安全生产检查是消除安全隐患、防止事故发生和职业危害、改善劳动条件的重要手段，是农村供水工程卫生安全管理工作的一项重要内容。通过安全检查可以发现水厂生产过程的危险危害因素，采取措施，保证安全生产。安全检查是发动和依靠群众做好劳动保护工作的有效办法，是落实安全生产方针和法规，检查和揭露不安全因素的好形式，也是预防和杜绝工伤事故，改善劳动条件的一项得力措施，还可以达到交流经验、互相促进、互相学习的作用。

（一）安全检查的内容

为了保证农村供水工程安全生产，要进行扎扎实实的安全生产检查。安全生产检查主要有以下内容。

1. 查思想、查纪律

查水厂领导对安全生产工作是否有正确认识，是否真正关心职工的安全、健康，是否认真贯彻执行国家有关安全生产的法律法规，进而提高水厂领导的安全意识；检查职工"安全第一"的思想是否建立，提高职工遵章守纪，克服"三违"的自觉性；检查水厂领导与员工是否存违反安全生产纪律的现象。

2. 查管理、查制度

检查安全生产责任制是否落实；安全组织机构和安全管理网络是否建立和发挥应有的作用；安全生产管理各项规章制度是否健全和落实；对水厂的安全机构、人员、职能、制度、经费投入等安全生产管理的效能进行全面系统检查。通过系统分析和检查，促使水厂完善安全生产管理、提高安全生产管理效能。

3. 查现场、查隐患

深入生产现场，检查劳动条件、生产设备、操作情况等是否符合有关操作规程安全要求；检查生产装置和生产工艺是否存在事故隐患等，提高设备设施的内在安全程度；检查易燃易爆易泄漏毒害物质的危险点，提高危险作业的安全保障水平；检查危险品保管，改进防盗防爆的保障措施；检查防火管理，提高全员消防意识和灭火技能；检查事故处理，提高防范类似事故的能力；检查个人劳动防护用品是否齐备及正确使用，提高个体安全防护能力；检查安全生产宣传教育和培训工作是否经常化和制度化，提高全员安全意识和素质。

（二）安全检查的方法

安全检查是手段，目的在于发现问题、及时整改、消除隐患。对安全检查发现的问题要按照"三定"，即定整改项目、定完成时间、定整改负责人的做法，及时进行整改，同时要对整改情况进行复查，确保彻底解决问题。

安全检查的一般方法如下。

1. 经常性检查

经常性检查是指安全负责人、安全员和职工对安全工作进行的日查、周查、月查和抽查，其目的是辨别生产过程中物的不安全状态和人的不安全行为，通过检查加以控制和整改，以防止事故发生。

2. 定期安全检查

定期安全检查是有关部门根据生产活动情况组织的全面安全检查，如季节性检查、季度检查、年中或全年检查还有节假日前的例行检查等。

3. 专业性安全检查

专业性安全检查是根据设备和工艺特点进行的专业检查，如药剂管理、防火防爆、制度规章、防护装置、锅炉设备、电器保安等专业检查。

4. 群众性检查

群众性检查是指发动群众普遍进行的安全检查。如安全月、安全日活动及群众性大检查。

另外，要求班组成员养成时时重视安全、经常注意进行自我安全检查的习惯，是实现安全生产、防止事故发生的重要方式。自我安全检查包括以下内容：工作区域的安全性，注意周围环境卫生，工序通道畅通；使用药剂材料的安全性，注意堆放或储藏方式等；工具的安全性，注意是否齐全、清洁、有无损坏，有何特殊使用规定、操作方法等；设备的安全性，注意防护、保险、报警装置情况，控制设施、使用规程等要求的完好情况；其他防护的安全，注意通风、防暑降温、保暖情况，防护用品是否齐备和正确使用，有无消防和急救物品等措施。

第二节 节能管理

一、节能降耗工作的意义

节能降耗，顾名思义，就是要节约能源，降低资源、材料、物资等消耗。节能降耗要求通过合理利用、科学管理、技术进步和经济结构合理化等途径，以最少的能源消耗获取最大的经济效益，即加强用能管理，减少从能源生产到消费各个环节中的损失和浪费，更加有效合理地利用能源。我国人口众多，能源资源相对不足，人均拥有量远低于世界平均水平，能源资源的消耗强度高，消费规模不断扩大，能源供需矛盾比较突出。

节能降耗是高质量发展的本质要求，是降低能源资源需求最有效、最快捷、最廉价的途径。我国是能源和资源消耗大国，能源与资源开发方式粗放，利用效率较低、污染严重，有些能源与其他资源开采、加工、利用集中的地方，已接近生态环境可承受的极限。因而，节能降耗、提高能源与资源利用效率和效益对于落实高质量发展、实现经济社会可持续发展具有特殊重要的现实意义。

近年来，党中央、国务院和各级地方党委、政府对农村饮水安全问题高度重视，资金投入力度不断加大，村镇集中式供水水厂建设加速发展。除了个别有自然落差水头条件，绝大部分农村供水工程都是要用电提水加压，电能消耗是水厂生产成本的主要组成部分。由于在设计、设备选型或运行调度存在缺陷和不足，以及普遍存在的实际供水量低于设计供水能力而发生的"大马拉小车"的现象，不少水厂能源消耗偏高，超出单位供水量平均能耗水平较多。水厂生产过程中要消耗水资源，使用多种净水消毒药剂。农村供水工程的节能降耗潜力很大，意义重大。各级水行政主管部门和农村供水厂要充分认识节能工作的重要意义，坚持节能降耗优先的方针，以提高能源和其他资源利用效率为核心，强化节能降耗意识，建立严格的管理制度，实行有效的激励政策，进一步做好节能降耗工作。

二、节能降耗的途径和措施

(一) 调整运行方式

1. 利用峰谷电政策节约电费，降低运行成本

在采用峰谷电分时收费制的地区，尽可能地避开高峰电时段，多用低谷电，合理使用平峰电。通常规定谷电的时段为 23 时至次日 7 时，峰电时段为 10—12 时、18—22 时。峰电的电费 1.2 元/(kW·h)，谷电的电费 0.3 元/(kW·h)。调整水处理工艺的时段不仅可以降低运行成本，对电网的高效安全运行也有好处。例如将水厂滤池反冲洗和沉淀池排泥均安排在晚间操作，避开峰电时段。

2. 降低自耗水量

水厂的自耗水主要用于沉淀池或澄清池的排泥和滤池的反冲洗，占水厂日产水量的 3%～7%。降低这部分水用量并对其进行回用，是提高水资源利用率的重要途径。生产废水回用的方式主要分为直接回用和处理回用。直接回用是目前采用较多的方式，主要有滤池反冲洗废水直接回收和生产废水上的清液回收。生产废水回用需加强水质监测，一旦回用水水质不能满足回用标准，就不能回用。处理回用是对生产废水先进行处理，使其水质满足原水的常规化学指标和生物指标后再回用。

3. 保持清水池在较高的水位运行

清水池位于泵站之前，其水位直接影响水泵的用电负荷，水位高对水泵的正压大，可减少水泵的吸程。

(二) 供水设备技术改造

1. 改造不合理的管道布置

由于水厂的设计、施工以及其他因素造成管网的管径、走向等管网布置不合理，有的造成管道阻力损失加大，末端压力不足，有的末端余压过高，能量浪费。需要通过认真的可行性分析论证后进行改造。

2. 水泵节能

水厂运行中消耗能源最多的是水泵，其耗电量约占水厂总耗电量的85％，因此首先要合理选择水泵。因为农村供水的量是随时变化的，要注意选择高效区较宽的水泵，使其能在大部分时间内在高效区范围内运行。根据流量、扬程的变化合理调节水泵运行方式是水厂节电的主要途径之一。当水泵长期偏离设计工况运行时，可以通过车削叶轮的方法，使水泵在高效区工作。在供水量较大的区域，供水系统可采用多台水泵并联的方法，以适应用水高峰和低峰的不同供水量需求。采用变频调速可节电10％～30％。

3. 厂用电节能

厂用电节能包括低压电器加装节电器，普通照明灯改用节能型灯，合理调整照明灯具的布置和开启关闭制度，加强对办公室、职工宿舍用电取暖的管理，做到人走灯灭、消灭长明灯等。

由于低压电器在启动瞬间，功率因数较低，稳定性差，浪费大量的电能，可以通过加装节电器，进行无功补偿，提高功率因数，达到节电的目的。

变压器节能是指随着变压器制造技术水平的提高，新型低损耗产品不断涌现，通过设备更新和技术改造达到节能的效果。降低变压器的空载损耗，可采用更新铁芯材料、改变结构等方法。在设备更新时，要选用节能型变压器。

完善节电制度包括厂用电的节电制度、用电定额管理制度、节电考核与奖惩制度等。

(三) 节约药剂消耗

1. 合理选择水处理药剂

由于水质、水温等各种因素的影响，混凝剂的溶解度和稳定性不同，在不影响水处理效果的前提下，根据不同条件选择不同的混凝剂可减少耗药量。

2. 调整沉淀池的运行负荷

同向絮凝即流体运动造成的颗粒碰撞在混凝过程中占有十分重要的地位，速度梯度是控制混凝效果的水力条件。通过调整沉淀池的负荷，创造混凝过程中良好的水力条件，可以起到节约药剂的作用。

3. 合理控制药剂投加量

根据原水水质的变化合理控制药剂的投加量，能够减少药剂浪费。

三、环境管理

(一) 厂区环境的绿化和美化

厂区绿化是城乡绿化的重要组成部分，可以美化环境、陶冶情操，是水厂文明的外在标志之一。要根据当地的气候特点，因地制宜地选择树种，宜树则树、宜花则花、宜草则草，使植物充分发挥生态效益。

水厂自身的环境要做到"净化、绿化、美化和安全有序"，引入长效管理机制实现环境管理制度化。生产车间和管理设施以及职工的生活设施要常年保持整洁优美、安全有序。

（二）减少周边环境对水厂的影响

1. 水厂周边的环境管理

水厂周边的环境管理和生态保护涉及供水水质的安全，直接影响到人民群众的饮水安全和身体健康，应当引起当地政府和有关单位的高度重视。通过加强宣传教育，广泛宣传这项工作的重要意义，引导水厂所在地群众自觉保护饮用水水源。

水厂周边严禁违法建设污染水源的一切项目，特别是要清理排放有毒有害污染物的化工、农药、造纸、印染、皮革、养殖、旅游餐饮和生活污水的单位，分别采取关闭、迁移、改造等措施，恢复生态环境，确保水源地的水质良好。

在水厂的水源地保护区内，严禁污水灌溉，严禁施用剧毒农药，严格规范使用化肥和农药，防止滥用化肥农药对水源地的污染。

水厂水源地的上游严禁建设水泥、石灰、矿粉加工等企业。它们产生的粉尘尤其是重金属粉尘，将严重影响水源的水质。

2. 水源水的防污染管理

根据《中华人民共和国水法》和《中华人民共和国水污染防治法》的规定，水厂应建立明确的水源保护区，确定保护范围，制定相关的责任制度，制定应急预案。定期监测水质，发现污染，及时采取措施并报告上级和有关部门。对水源保护区内影响水源水质的工业污染源和城镇污水污染源进行清理。根据不同情况，要建设污水处理、垃圾处理和禽畜粪便处理等设施。

（三）水厂对环境的影响

1. 水处理设施排污的影响

农村供水工程在制取卫生合格的饮用水的同时，水处理工艺流程中所产生的污泥、废水需要排放，在这个意义上，水厂也是一个排污单位。水厂排泥水中的污泥干固体含量，由净水过程中截留去除的原水中泥沙、腐殖质、藻类等悬浮杂质和水厂投加的混凝剂、助凝剂两部分组成。排泥水如不经处理就直排入江河湖泊等水体，会成为水体的污染源，还会淤积抬高河床，影响江河的航运和行洪排涝能力。

水厂应当采用合理的方法和有效措施，对生产工艺中产生的底泥进行处理，规范排污口设置并向环保部门申报排放污物的数量和浓度。

2. 消毒药剂对环境的影响

氯气是具有腐蚀性剧毒的气体，只要人吸入氯气浓度达到 $2.5mg/m^3$ 时，就会死亡。液氯钢瓶及加氯设施（尤其液氯钢瓶）一旦发生泄漏，将可能造成多人伤害的严重后果。因此在使用过程中要避免发生漏氯事故对周边环境产生的不利影响。

现场制取的次氯酸钠是属强氧化剂和消毒剂，适用于小型水厂，使用中要防止对容器和设备的腐蚀。

第十章

信 息 化 管 理

第一节　农村供水工程运行监测与自动控制原理与构成

随着我国城镇化建设进程的加快，农村居民以及社会各方面对环境保护、生活用水的要求不断提高。传统水厂人工操作、半自动控制的制水工艺系统已经不能满足水厂生产和管理的需要。另外，自动化控制技术、计算机技术、信息化技术在经济社会的各个领域迅速普及应用，农村供水厂的运行监测与自动控制系统应用变频调速技术、计算机控制技术、水质在线监测技术、网络通信和信息化管理技术越来越多。通过应用计算机技术、自动控制技术，对水厂取水、净水、输水、配水、安防等系统运行进行监测和控制，应用网络通信技术、信息管理技术，对水厂的运营进行现代化管理。可以不断加强供水的可靠性，保证供水系统安全，降低能耗和制水综合成本。因此，水厂的操作与管理人员了解和掌握水厂监测与自动化控制技术的知识很有必要。

一、水厂运行监测与自动控制基本要求

水厂运行监测与自动控制的总体要求是准确、高效、可靠地实现对水厂生产过程中的取水、输水、净水、供水、配水及特殊水处理设备的全部生产环节自动监控，达到"设备现场无人值守，生产运行集中控制"的自动化程度。其目的是提高制水生产过程的可靠性、安全性，做到优质、低耗和高效供水，取得良好的经济效益和社会效益，实现水厂的自动化控制、信息化管理，加快供水企业现代化进程。

农村供水工程运行监测与自控系统由数据采集、信号变送、信息传输、分析处理、动作执行、信号反馈等环节组成。传感器将采集到的物理量（水量、水压、水位、水温、水质及电流、电压、功率等）通过信息网络传送到计算机控制系统，经分析处理后控制执行机构（取水泵、反冲洗泵、加压泵、加药泵、电动阀门等）动作，完成生产过程运行控制自动化，同时将运行数据进行分析处理、存储、自动生成报表，实现水厂生产自动化，水厂管理信息化。农村供水工程监控系统如图10-1所示。

水厂运行监测与自动控制系统，一般由水厂运行参数采集传输、数据分析处理、显示控制、存储管理等部分组成。系统将采集到的运行参数，经分析处理后控制和监测水厂的生产运行。基本要求是尽可能做到：系统功能齐全，人机界面丰富，控制的各种设备动作可靠、灵活，工艺流程逻辑准确、规范；监测的各种参数实时记录和历史曲线清晰完整，

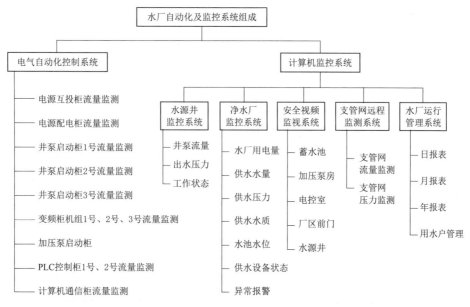

图 10-1 农村供水工程监控系统示意图

各种生产运行和管理报表自动生成并输出打印，水厂的工艺流程动态画面能够显示清晰；采集到的数据准确、实时，经过管理软件分析、处理后存储到计算机数据库，长期保存以备系统调用和随时查询。

二、水厂计算机监测与自控系统构成

水厂计算机监测与自控系统主要由计算机监控中心、取水泵站监控系统、净水及加药监控系统、供水泵站监控系统、安防视频监控系统、计算机监控管理软件等组成。通过对取水监控、加药加氯监控、净水滤池和送水泵站监控及系统监控软件和影音视频安防监控，实现水厂自动控制和系统主要参数的在线监测。水厂监测与自控系统结构如图 10-2 所示。

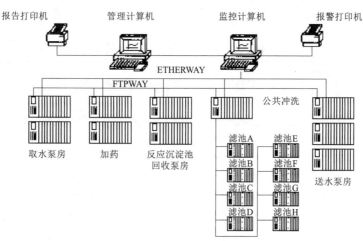

图 10-2 水厂监测与自控系统结构

（一）计算机监控中心

计算机监控中心由用于生产管理与监控的计算机及数据库服务器、视频服务器、网络通信设备、影音图像显示设备和打印记录设备等组成，是水厂监测与自动化控制系统的心脏。通过通信网络与水厂的所有监控系统联通，监控并显示水厂生产运行过程的水泵、加药加氯设备与滤池设施等在内的实时动态画面，对系统设备进行远程操作和控制，对配水管网和用水单元进行远程监控和远程计量收费管理。

计算机控制子站分别由 PLC（可编程逻辑控制器）、XBT（触摸屏显示器）或工业平板电脑、传感器、变送器、通信设备、软件系统及硬件仪器等组成。计算机监控子站是水厂的数据采集、设备控制、现地操作的执行机构。它采集水体数据、设备状态、运行参数，直接控制取水泵、过虑反冲泵、供水泵的起、停运行，避免电气设备由于过电流、过电压、过负荷、电线短路等事故造成的损坏，显示与设置现场所有自控设备、仪表等运行参数及报警数值，同时这些参数通过以太网传输到计算机控制中心上进行运算、分析处理。

（二）安防视频监控系统

水厂安防视频监控系统由前端摄录像、网络传输、控制操作、电视墙显示、防盗报警控制等部分组成。图 10-3 所示为安防视频监控系统。

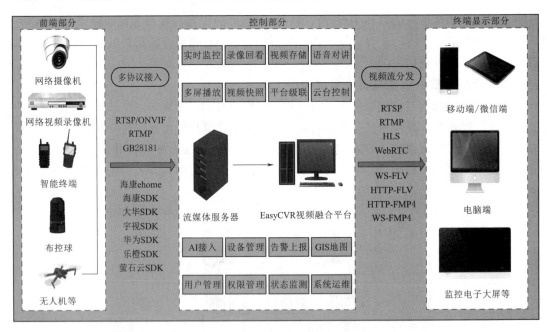

图 10-3　安防视频监控系统

前端部分完成模拟视频图像的拍摄、探测器报警信号的产生、摄像机的控制、报警输出等。摄像头通过内置 CCD 电荷耦合器件及辅助电路将现场情况拍摄成为视频图像电信号，经同轴电缆或光纤传输至视频处理器。控制部分完成图像信号数字化压缩处理、监控数据记录和检索、硬盘录像等，处理后的视频图像经系统显示器或电视幕墙实时显示和录像，具有记录图像内容的回放及检索功能。系统支持多画面回放，所有通道同时录像，系统报警屏幕、声音提示等。它既兼容了传统电视监视墙的监控，又大大降低了值守人员的工作强度，且提高了安全防卫的可靠性。终端显示部分还包括摄像机云台、镜头控制、报警控制、报警通知、自动与手动设防、防盗照明控制等。在水厂的厂区出入口、取水口、泵站、清水池入孔处、楼梯口安装主动式红外探头进行布防，在监控中心值班室（监控室）安装报警主机，一旦某处有人越过警戒线，探头即自动感应，触发报警，主机显示报警部位，同时联动相应的探照灯和摄像机，并在主机上自动切换成报警摄像画面，报警中心监控用计算机弹出电子地图并做报警记录，提示值班人员处理，大大加强了保安力度。报警防范系统是利用主动红外移动探测器将重要通道控制起来，并连接到管理中心的报警中心，当在非工作时间内有人员从非正常入口进入时，探测器会立即将报警信号发送到管理中心，同时启动联动装置和设备，对违法进入者进行警告，可以进行连续摄像及录像。

在厂区围墙安装电子围栏，电子围栏用于周界防盗报警，它由高压电子脉冲主机和前端探测围栏组成。高压电子脉冲主机产生和接收高压脉冲信号，并在前端探测围栏处于触网、短路、断路状态时能产生报警信号，并把信号发送到安全报警中心。前端探测围栏由杆及金属导线等构件组成有形周界。电子围栏是一种主动入侵防越围栏，对入侵企图做出反击，延迟入侵时间，并且不威胁人的性命，把入侵信号发送到安全部门监控设备上，以保证管理人员及时了解报警区域的情况，快速地做出处理。

（三）计算机监控管理软件

计算机监控系统软件一般采用标准的计算机操作系统和数据库操作系统，通过数据服务器和视频服务器建立供水信息化管理平台。计算机控制中心站与各计算机控制子站之间采用工业以太网通信实现信息资源共享，除了对本站设备进行操作显示外，还可了解其他站的情况。上位机监控系统用工业组态软件开发，人机界面友好直观、生动，通过图形、曲线、表格等形式呈现整个制水生产过程中的工艺流程和动作过程。计算机控制子站的软件系统实时接收系统采集到的各种数据输出指令，控制现场设备运行，监测整个生产工艺流程和重要设备的动态工艺参数；对水厂整体工艺流程、各主要工艺设备运行状态、过程控制及各生产环节的数据进行实时采集；显示的画面可以包括取水系统流程、絮凝及降藻药加投工艺流程、反应沉淀流程、净水过滤流程、反冲洗工艺流程、消毒加氯工艺流程、送水工艺流程、10kV 一次供电系统、低压供电系统等，如图 10 - 4 所示；控制给定信号与控制输出准确方便，被监控设备的运行状态，启、停控制，设备与设备之间的联锁保护，工艺参数的设定，以及设备温度、电流、压力、液位、流量等参数的显示、报警、记录、趋势及累积量计算等全部通过工业组态软件（自动化硬件和软件解决方案）完成；无线远程抄表和计量收费功能通过网络编程软件完成，从检测项目中按需要显示历史记录和趋势分析曲线，进行计量收费管理；了解生产参数的动态情况，便于生产调度管理；设备故障自我诊断维护，重要设备主要参数、工况发生异常时，系统将及时通过声音、灯光、图像报警并记录、显示、打印输出，包括工艺数据记录、设备故障等根据不同的报警信息提供不同的报警画面；自动生成和打印生产日、月、年统计报表，对各种数据进行实时存储并上传。

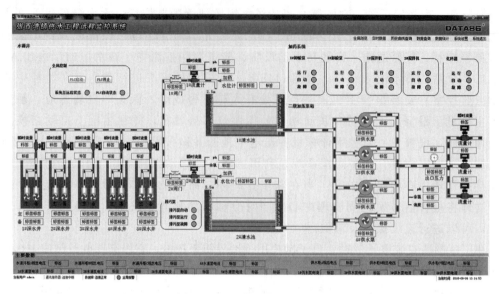

图 10-4　监控系统显示画面

第二节　水厂计算机监测与自动控制系统简介

　　水厂采用的监测与自控系统按控制特点分为总线型计算机控制系统、分散型计算机控制系统、现场总线型计算机控制系统、数据采集与监视控制系统四种结构形式。

一、总线型计算机控制系统

　　总线型计算机控制系统一般是指对工业生产过程及其机电设备、工艺装备进行检测与控制的自动化技术工具的总称。系统组网范围大、通信方式灵活、简单,主要用于工业现场自动控制,在农村供水厂也有应用。系统由工业控制计算机(简称工控机)和现场的采集传感器、执行、控制器组成。现场传感器将采集到的各种工艺参数通过总线传送到工控机,工控机将接收到的数据经过分析处理后,按照工艺设定逻辑向现场的执行器、控制器等设备发送各种控制命令,自动控制现场设备按照工艺流程运行。

　　该系统具有很好的电磁兼容性,解决了水厂现场的电磁干扰、机械振动、灰尘、高/低温等对检测与控制的影响问题,具有较高的可靠性,平均故障恢复时间一般为 5s,平均故障间隔时间 10 万 h 以上,而普通的计算机控制系统平均故障间隔时间仅 1 万～1.5万 h。该系统具有很强的输入输出扩展功能,由于采用底板加 CPU(中央处理器)卡结构,因而能与水厂的各种外部设备、功能板卡、通道控制器、视频监控系统、电量、水量、水质检测仪表等相连;能同时利用 ISA(国际标准总线)与 PCI(互联标准总线)及PICMG(标准接口规范)等资源,支持各种操作系统,多种编程语言,多任务操作系统;有较强的抗冲击、振动能力,采用符合 EIA(国际电子协会标准)的全钢化工业机箱、总线结构和模块化设计技术。系统配有高可靠度的工业电源,有过压、过流保护组件,有较好的安全保护功能。电源及键盘均带有电子锁开关,可防止非法开、关和非法键盘输入,具有自诊断功能,根据需要选配 I/O(输入/输出)模板;设有"看门狗"定时器,在因故障死机时，无须人的干预而自动复位运行。但实时性较低，对大规模和复杂的控制实现较为困难。

二、分散型计算机控制系统

分散型计算机控制系统在国内一般习惯称为集散控制系统。它是一个由过程控制级和过程监控级组成的以通信网络为纽带的多级计算机控制系统，综合了计算机、通信、显示和控制等技术，其基本思想是分散控制、集中操作、分级管理，是一种高性能、高质量、低成本、配置灵活、简单方便的集散型控制系统，可以构成各种独立的控制监测和数据采集系统，能满足水厂对过程控制和信息采集的需求。

分散型计算机控制系统由多台计算机分别控制生产过程中多个控制单元，同时又可集中获取数据、集中管理和集中控制的自动控制系统。分散型计算机控制系统采用微处理机分别控制各个回路，用中小型工业控制计算机或高性能的微处理机实施上一级的控制。各回路之间和上下级之间通过高速数据通道交换信息。分散型计算机控制系统具有数据获取、直接数字控制、人机交互以及监控和管理等功能，是在计算机监测系统、数字控制系统和计算机多级控制系统的基础上发展起来的，是生产过程的一种比较完善的控制与管理系统。

分散型计算机控制系统的构成方式十分灵活，可由专用的管理计算机站、操作员站、工程师站、记录站、现场控制站和数据采集站等组成，也可由通用的服务器、工业控制计算机和可编程控制器构成。处于底层的过程控制级一般由分散在现场控制站、数据采集站等就地实现数据采集和处理，并通过数据通信网络传送到水厂计算机监控中心。水厂计算机监控中心对来自过程控制级的数据进行集中操作管理，如各种优化计算、统计报表、故障诊断、显示报警等。随着计算机技术的发展，分散型计算机控制系统可以按照需要与更高性能的计算机设备通过网络连接来实现更高级的集中管理。其缺点是设备配置较多，成本高。

三、现场总线型计算机控制系统

现场总线型计算机控制系统是全数字串行、双向通信的计算机控制系统。系统的核心是总线协议即总线标准。系统的基础是数字、智能型现场装置。系统的本质是信息处理现场化。工控机系统将数字式、智能型数据采集终端的数据，经分析处理后，根据工艺要求，通过标准总线传输，按照逻辑程序直接输出，控制执行机构和生产设备运行，显示生产工艺参数。系统内控制器和测量设备如检测探头、驱动器、控制器相互连接组网、监测和控制。在系统网络的分级中，它既作为过程控制器（如 PLC、LC、变频调速器等）和应用智能仪表（如水量、电量、液位、压力等数显仪表）的局部网，又具有在网络上分布控制应用的功能。

该系统具有高可靠性，可在危险区域、易变过程、恶劣环境下工作。全数字化。智能、多功能仪器、仪表取代传统的模拟式单功能仪器、仪表、控制装置。系统执行自动控制装置与现场装置之间的双向数字通信现场总线信号制。组网简单方便，用一条线将分散在现场各种仪表、控制装置、PID（比例、积分、微分）与控制中心连接起来，取消了大量的仪器仪表连线。但组网条件是传感器和仪表等设备必须是智能数字式的。

四、数据采集与监视控制系统

数据采集与监视控制系统在自来水厂等领域用于生产过程的数据采集、监视以及过程控制，在农村供水厂应用较多。数据采集与监视控制系统是以计算机为核心的生产过程控制与调度自动化系统，由数据采集、远程通信终端、数据库服务器、工控机等设备和工业组态软件、数据库管理软件、应用分析、决策软件等组成。它可通过以太网或因特网远程登录浏览异地水厂运行管理。通过地理信息系统（GIS）掌握供水管网的运行状态，减少因管网跑冒滴漏的损失，可以对现场的运行设备进行监视和控制，以实现数据采集、设备控制、测量、参数调节以及各类信号报警等功能。

在供水系统中，数据采集与监视控制系统应用广泛，技术发展也比较成熟。它作为水厂信息自动化管理系统的主要组成部分，有着信息完整、提高效率、准确掌握生产运行状态、加快决策、帮助运行人员快速诊断出系统故障状态等优势，现已经成为水厂信息化管理的重要工具。它具有分布式数据库管理、实时数据采集刷新、实时数据下载存储的特点。它具有分布式触发机制，对系统发生的异常事件及时处理，避免事故扩大。它对提高水厂生产运行的可靠性、安全性与经济效益，减轻管理员的负担，对推进水厂的自动化与现代化，提高指挥调度的效率和水平有着不可替代的作用。该系统设备配置多且复杂，对运行维护的技术水平要求较高。

随着计算机网络技术的不断进步，目前已经具备了建立完整的供水信息自动化管理系统的软件、硬件条件。在现代化的农村供水工程中，除了采用先进的设备和控制技术对厂区内部进行有效控制和管理外，还要求实现对县域多个供水系统的信息自动化管理。为了安全、稳定、可靠地管理好遍布全区域的供水系统，要有一个信息化管理系统。在该系统中，要实现对多个供水系统的信息化管理，主要包括社会服务系统、供水管网地理信息系统、远程自动抄表收费系统、生产过程数据采集与监控系统、办公自动化系统、自来水管网运行优化系统、中心数据库管理系统、信息管理中心系统等。

第三节　农村供水工程运行监测与自动控制常用设备

一、农村供水工程运行监测与自动控制设备种类

农村供水工程运行监测与自动控制系统常用设备主要有数据采集与传感设备、数据处理与网络传输设备、计算机控制设备、变频调速控制设备、水质监测设备、数据服务器与显示设备、安防视频监控设备等几大类。

（一）数据采集与传感设备

（1）电参数监测设备。其主要包括：电流传感器、电压变送器、智能电量采集模块等，用于监测水厂的用电量、电流、电压、功率、功率因数等参数。

（2）水量监测设备。常用计量仪表有：远传水表、智能水表、超声波水表、电磁流量计、涡街流量计、超声波流量计等，用于监测水厂的取水量、供水量、生产用水量。

（3）水位监测设备。常用仪器有：投入式水位计、电接点式水位计、超声波水位计、雷达式水位计、浮球式水位计等，用于监测取水水源水位、净水池水位、清水池水位。

（4）水质监测设备。常用仪器有：浊度监测仪、余氯检测仪、电导率检测仪、pH值

检测仪、水质综合检测仪、温度监测仪等,用于监测取水水源水质、供水水质、

(5) 工况监测设备。其主要包括:PLC(可编程逻辑控制器)、触摸屏控制器、I/O数据模块、ID/IA、OD/OA 接口电路等,用于监测水泵、电机、加药设施、自控设备、阀门、开关等的运行状态。

(二) 数据处理与网络传输设备

数据处理与网络传输设备主要包括控制器局域网(CAN)总线、局域网(LAN)、城域网(MAN)、广域网(WAN)等网络接口,ModBus 协议的采集通信模块、无线网络的传感采集模块、以太网的传感采集模块、GPRS(通用分组无线业务)的传感采集模块,还有数字/模拟转换模块、光/电转换模块、数字光端机、视频光端机、数据交换机、串口服务器、人机对话触摸屏等。将采集到的各种物理量、电量参数,通过模/数转换、光/电转换处理,经串口服务器由以太网、互联网传输到数据库服务器和水厂监测与计算机控制中心。

(三) 工业控制计算机设备

工业控制计算机设备主要类别有:总线工业计算机、可编程控制系统、分散型控制系统、现场总线系统及数控系统、工业平板电脑、工业组态软件、变频调速控制系统、数据库服务器等。工控机主要由工业机箱、无源底板及可插入其上的各种板卡等组成,如CPU 卡、I/O 卡等,并采取全钢机壳、机卡压条过滤网,双正压风扇等设计及电磁兼容性(electro magnetic compatibility,EMC)技术以解决工业现场的电磁干扰、振动、灰尘、高/低温等问题。根据获取的各种变量参数,经过处理程序,控制生产过程设备自动运行,显示生产工艺过程,记录存储生产运行数据并自动生成数据报表。它具有高可靠性、实时性强,扩充性好,兼容性好的特点。在粉尘、烟雾、高/低温、潮湿、振动、腐蚀环境下可正常工作,具有快速自诊断和维护方便的功能,其平均恢复前时间(mean time to repair,MTTR)一般为 5min,平均失效前时间(mean time to failure,MTTF)10 万 h 以上(也可以理解为平均无故障时间)。支持多任务操作系统,可同时利用 ISA 与PCI 及 PICMG 标准总线资源,并支持各种操作系统、多种语言汇编。

(四) 水质监测设备

水质监测设备主要包括浊度在线检测仪、pH 值在线检测仪、TDS 在线检测仪、余氯在线检测仪、温度传感器及显示仪表和便携式综合水质分析装置等,用于实时监测出厂水的水质状况及变化趋势,实时监测出厂水的浊度与余氯含量等水质状况变化趋势,保证出厂的水质符合国家生活饮用水卫生标准。

(五) 数据服务器与显示设备

数据服务器与显示设备主要包括文件数据服务器、数据库服务器、应用程序服务器、视频服务器、高清投影仪、大屏幕显示器、液晶拼接墙等,用于数据、图像的传输、存储、处理、显示。

(六) 安防视频与监控设备

安防视频与监控设备主要包括闭路监控摄像机、监视器、硬盘录像机、电视墙、液晶拼接屏、视频监控服务器、防盗报警控制器、探测器、红外探头、对射探测器、矩阵切换器等,用于将摄像机采集的图像,经视频服务器数字化处理后实现视频/报警信息传输及

远程监控，将音视频资料存储备查。

二、常用设备功能特点

（一）变频调速器

变频调速器（简称变频器）是通过改变电动机电源的电压和频率，使电动机转速发生变化，实现无级调速的设备。水厂应用变频调速技术是根据用水量的变化需求，自动调节水泵的出水量，保证配水管网的压力维持基本不变，满足水泵实现闭环 PID 自动调节控制。图 10－5 所示为变频调速器示意图。

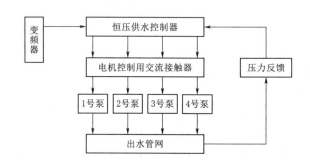

图 10－5　变频调速器示意图

1. 变频器的基本工作原理

变频器的主电路是给水泵电机提供调压调频电源的电力变换部分。主电路大体可分为两类：一类是电压型，将电压源的直流变换为交流，直流回路的滤波是电容；另一类是电流型，将电流源的直流变换为交流，其直流回路滤波是电感。变频器由四部分构成：将工频电源变换为直流功率的"整流部分"；吸收在变流器和逆变器产生的电压脉动的"平波滤波部分"；将直流功率变换为交流功率的"逆变部分"；执行驱动的控制电路。

2. 变频器的结构

（1）整流部分。这一部分是将交流电源整流变为直流电源。一般使用可控硅或者是二极管的变流器，它把工频电源变换为直流电源。也有用两组晶体管变流器构成可逆变流器，由于其功率方向可逆，可以进行再生运转。

（2）平波滤波部分。它是将整流后的脉动直流电源滤波后变为平稳直流电。在整流器整流后的直流电压中，含有电源 3～6 倍频率的谐波电压，逆变产生的脉动电流也使直流电压波动。为了抑制电压波动，采用电感和电容吸收脉动电压（电流）。

（3）逆变部分。同整流器相反，逆变器是将直流功率变换为所要求频率的交流功率，以所确定的时间程序，使 6 个 IGBT（绝缘栅双极型晶体管）开关器件导通、关断，就可以得到 3 相交流输出。逆变器将滤波后的直流电按电机的转速要求提供连续可变的电压和频率，控制水泵电机变速运行。

（4）控制电路。它是给水泵电动机供电的主电路，提供控制信号的回路，由频率/电压的"运算电路"、主电路的"电压、电流检测电路"、电动机的"速度检测电路"、将运算电路的控制信号进行放大的"驱动电路"以及逆变器和电动机的"保护电路"等组成。

1）运算电路：将外部的速度、转矩等指令同检测电路的电流、电压信号进行比较运算，决定逆变器的输出电压、频率。

2）电压、电流检测电路：与主回路电位隔离检测电压、电流等。

3）驱动电路：驱动主电路器件的电路。它与控制电路隔离，使主电路器件导通、关断。

4）速度检测电路：以装在异步电动机轴上的速度检测器（tg、plg 等）的信号为速度信号，送入运算回路，根据指令和运算可使电动机按指令速度运转。

5）保护电路：检测主电路的电压、电流等，当发生过载或过电压等异常时，为了防止逆变器和异步电动机损坏，使逆变器停止工作或抑制电压、电流值。

3. 变频器的特点

变频器的主要特点，一是采用多重化 PWM（脉冲宽度调制）方式控制，输出电压波形接近正弦波；二是整流电路的多重化，脉冲数多，功率因数高，输入谐波小；三是模块化设计，结构紧凑，维护方便，增强了产品的互换性；四是直接高压输出，无须输出变压器；五是极低的 dv/dt（速度变化率）输出，无须任何形式的滤波器；六是有光纤通信接口，提高了产品的抗干扰能力和可靠性；七是功率单元自动旁通电路，能够实现故障不停机功能。

现代电力电子技术及计算机控制技术的迅速发展，促进了电气传动的技术革命。交流调速取代直流调速，计算机数字控制取代模拟控制已成为发展趋势。交流电机变频调速是当今节约电能、改善生产工艺流程、提高产品质量以及改善运行环境的一种主要手段。变频调速以其高效率、高功率因数以及优异的调速和启制动性能等诸多优点而被农村供水工程建设广泛应用，是有发展前途的调速方式。

（二）可编程逻辑控制器

可编程逻辑控制器是一种专门为在工业环境下应用而设计的计算机控制系统。它采用一种可编程的存储器，在其内部存储执行逻辑处理、顺序控制、定时、计数和算术运算等操作的指令，通过数字量或模拟量的输入输出来控制各种类型的机械设备或生产过程。图10-6 所示为 PLC 控制原理。

PLC 分为箱体式和模块式两种，但它们的组成是相同的。箱体式 PLC 由一块 CPU板、I/O 板、显示面板、内存、电源电路等组成。模块式 PLC 由 CPU 模组、I/O 模组、内存、电源模组、底板或机架等组成。无论哪种结构类型都属于总线式开放型结构，其I/O 能力可按用户需要进行扩展与组合。可编程控制器是计算机技术与自动控制技术相结合而开发的适用工业环境的新型通用自动控制装置，是作为替换传统继电器的产品而出现的。随着微电子技术和计算机技术的迅猛发展，可编程控制器更多地具有计算机的功能，不仅能实现逻辑控制，还具有数据处理、通信、网络等功能。由于它可通过软件来改变控制过程，而且具有体积小、组装维护方便、编程简单、可靠性高、抗干扰能力强等特点，已广泛应用于各个领域的工业生产控制，有力地推进了机电一体化的进程。

（三）工业控制计算机

工业控制计算机是用于实现工业生产过程控制和管理的计算机，又称过程控制计算机。它具有重要的计算机属性和特征，如计算机的 CPU、外围、外设及接口，同时也具有实时操作系统，控制网络及通信协议，运算处理能力，系统控制软件，工具软件，应用

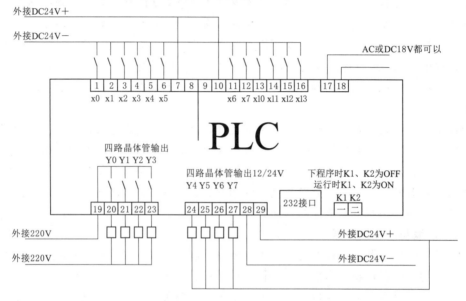

图 10-6　PLC 控制电路原理

软件和人机对话界面。它采用总线结构，对生产过程及其机电设备、工艺装备进行检测与控制。图 10-7 所示为工控机控制系统结构示意图。

工控机主要包括运算处理和控制输入/输出通道两部分。它可以在供水厂现场的电磁干扰、机械振动、灰尘、高/低温等恶劣环境下工作，克服了现场条件对检测与控制的干扰问题。

工控机具有以下特点：机箱采用钢结构，有较高的防磁、防尘、防冲击能力；机箱内有专用底板，底板上有 PCI 和 ISA 插槽，方便功能扩展；机箱内有专用电源，有较强的抗干扰能力；具有连续长时间工作能力；采用便于安装的标准机箱。工控机的不足是配置硬盘容量小，数据安全性低。

（四）数据库服务器

数据库服务器是由运行在局域网中的一台或多台计算机和数据库管理系统软件共同构成的。数据库服务器为计算机控制、应用提供查询、更新、事务管理、索引、高速缓存、查询优化、数据安全及多用户存取控制等服务，是水厂监控和信息化管理的核心设备。使

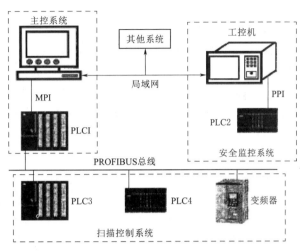

图 10-7 工控机控制系统结构示意图

用它进行数据存储管理有很多优点：一是编程量少。数据库服务器提供了用于数据操纵的标准 API（应用程序编程接口）；二是数据安全有保证。数据库服务器提供监控管理、并发控制等工具。由 DBA（数据库管理员）统一负责授权访问数据库及网络管理；三是具有数据管理及恢复功能。数据库服务器提供统一的数据库备份和恢复、启动和停止数据库的管理工具；四是计算机资源利用充分。数据库服务器把数据管理及处理工作从其他计算机上接管过来，使网络上每一台计算机充分发挥专业处理功能。

（五）安防视频监控设备

监控设备把来自各个摄像机的视频信号输入视频采集终端，视频采集终端再通过MPEG-4（影音传输标准格式）图像压缩，将视频信号转换为 25 帧/s 的数字图像，并将经压缩后的音、视频数据流通过光纤网转发到视频监控中心。视频监控中心的监控计算机对收到的来自前端的图像和声音数据进行解压缩，通过计算机显示屏幕和声卡进行实时监控。当发生报警时，报警解码器将联动报警输出设备，并通过报警解码器将报警信号输入视频终端、监控中心。监控中心的视频服务器接收到报警信号后立即发出声音信号，记录报警事件，进行硬盘录像等报警操作。

控制主机是该系统的"心脏"，所有的外围设备都要与控制主机相连，它通过键盘或计算机内的多媒体软件进行控制操作，控制其他设备来实现各种动作，如：云台转动镜头的变倍、聚焦、光圈变化，将选定的摄像机画面调到管理者想要的监视器上显示，还可以使这些不同摄像机的画面按顺序显示出来，每路摄像机显示一定的时间，且时间是可以调整的，并能进行图像切换。最多可接 64 路摄像机输入，满足安全防范的要求。

安防视频与监控系统的特点有：一是事前预警。当可疑人与物接近或进入设防区域时，通过声、光、电信号进行报警，并记录事件过程，能够防患于未然。二是实时显示。当设防事件发生时，系统实时关注、记录、显示全过程，存储影音图像资料，为处理突发事件提供科学的依据。三是事后追踪。通过录像回放，可追查已发生的事件全过程，影音图像可长期保存。四是影音清晰。监控系统可以清晰地监督生产现场工作环境和生产秩序，减少不文明行为，有利于提高管理效能。

（六）UPS 不间断电源

UPS 是不间断电源*（uninterruptible power system）的英文缩写，它是为计算机设备提供持续、稳定、不间断电源供应的重要外部设备。当市电正常时，单项 220V 或三相 380V 经过隔离、整流滤波后通过逆变器给负载供电。若交流电网输入异常或断电，则由电力系统后备的直流屏经逆止二极管逆变供电，当直流屏欠压或断电时，静态开关切换到旁路供电。当市电恢复正常时，它又自动切换到市电供电。若逆变器过载或故障，转为旁路供电，同时发出警告信号。

UPS 的主要特点有：一是安全稳定。有过流报警、过压保护、短路保护、过载保护、短路报警等。二是智能控制。在水厂运行监测与自动化中使用，当市电输入正常时，UPS 将市电稳压后供应给负载使用，此时的 UPS 就是一台交流市电稳压器，同时它还向机内电池充电。当市电中断（事故停电）时，UPS 立即将机内电池的电能，通过逆变转换的方法向负载继续供应 220V 交流电，使负载维持正常工作并保护负载软、硬件不受损坏，使正在工作的设备正常运转。三是可靠性强。能够保证计算机设备正在运行、处理的数据不丢失。

第四节 监测与自控系统设备运行维护

监测与自动控制系统的设备运行与维护，主要针对整个系统中的工况检测设备、水质检测设备、中控室计算机设备、网络通信设备、安防视频系统设备等。

一、工控机运行与维护

工控机是一种加固的增强型个人计算机，作为一个工业控制器在工业环境中可靠运行。农村供水工程生产车间现场一般有振动、电磁场干扰、较大灰尘等客观环境条件存在，且水厂一般连续作业，即 365d 不休息。因此，工控机与普通计算机相比，日常维护工作更为重要。为了更好地使用它，让它始终保持良好的工作性能，在日常使用中必须对它进行必要、合理的维护。

（一）机箱维护

机箱中包括工控电源、无源底板、风扇。首先，应注意避免尽量减少灰尘进入工控电源，防止灰尘影响风扇运转。避免瞬时断电。瞬时断电又突然来电往往会产生瞬间极高的电压，容易"烧"坏计算机。同时，还应尽量避免电压的波动（过低或过高）这种情况，也会对计算机造成损伤。其次，无源底板的日常维护要注意：一是不能在底板带电的情况下拔插板卡，插拔板卡时不可用力过猛、过大；用酒精等清洗底板时，要注意防止工具划伤底板；二是插槽内不能积灰尘，否则会导致接触不良，甚至短路；三是插槽内的金属脚必须对齐，不得弯曲，否则会因此出现开机不显示、板卡找不到、死机等各种现象。机箱内风扇是专门为工控机设计的，它向机箱内吹风，降低机箱内温度。维护应时注意的是：电源线是否接触良好，风扇外部的过滤网要定时清洗（每月一次），以防过多的灰尘进入机箱，禁止尖锐物品损坏风扇页片。

（二）主板维护

工控机主板是专为在高、低温特殊环境中，长时间运行而设计的，它在运用中所要注意的是：一是不能带电插拔内存条、板卡后面的鼠标、键盘等，带电插拔会导致插孔损坏，严重时甚至会使主板损坏；二是主板上的跳线不能随便跳，要查看说明书或用户手册，否则会由于不同型号主板的电压设置不同而导致损坏；三是对主板的灰尘应定时清洁，不能用酒精或水，应用干刷子、吸尘器或皮老虎把灰尘吸完或吹掉。保持主板上内存插槽的干净，无断脚、歪脚。主板下插入无源底板中的金手指要干净，在底板上要插紧，插到位。

（三）硬盘、光驱的维护

（1）硬盘的维护。不要随意拆卸硬盘，避免振动、挤压。尽量不要在硬盘运行时关闭计算机电源，这样突然关机会导致硬盘磁道损坏，数据丢失。不要随意触动硬盘上的跳线装置。搬运时一定要用抗静电塑料袋包装或用海绵等防震抗压材料固定好。经常检查是否有病毒侵害。在操作系统中有节能功能时要尽量合理使用，以延长硬盘使用寿命。

（2）光驱的维护。在使用中不要随意打开光驱门，不能使用盗版、有损伤的光碟，防止灰尘进入光驱内。光驱在使用过程中不要振动、歪曲、拍打。数据线要连接通畅，保证光驱读盘顺利。

（四）各种板卡维护

注意板卡防尘，插脚要完好，板卡竖直插入，不能歪曲，并且板卡外插孔上的连接件不能带电拔插。

主机在使用过程中要处在整洁、干燥的环境中，应经常对系统进行杀毒，定时查看系统中的设备管理器，定期对主机磁盘进行清理和维护。

二、PLC 设备运行与维护

PLC 供电电源一般使用 220V、50Hz 的不间断交流电源供电；正常运行环境温度为 0～55℃，四周通风透气，设备的间隔保持在 30mm 以上，空气湿度应小于 85%；安放要稳固，远离振动，必要时可采取减震措施；避免与腐蚀性和易燃气体接触；每 3 个月对 PLC 设备的接线端子接线进行一次检查并紧固松动的螺钉；每 6 个月对 PLC 的主电源和辅助电源进行工作电压检测；每 6 个月对 PLC 进行清扫维护；每 3 个月更换 PLC 电源模块的过滤网；检修设备时，使用保护装置做好防静电工作；更换元件必须断电，检修后的模板要插到位；拔插的模板要远离产生静电的物品。

三、UPS 运行与维护

（一）UPS 的运行

首先，尽量不接电机、线圈、电抗器等电感性负载。因为电感性负载的启动电流往往会超过额定电流的 3～4 倍，这样就会引起 UPS 的瞬时超载，影响其寿命。其次，不宜满载或过度轻载。不要在空闲的端子连接其他电器，长期满载状态将直接影响 UPS 寿命。一般情况下，在线式 UPS 的负载量应该控制在 70%～80%，而后备式 UPS 的负载量应该控制在 60%～70%。最后，保护好蓄电池。UPS 的一个非常重要的组成部分是蓄电池。约 30% 的 UPS 损坏实际上只是电池坏了。所以，维护 UPS 的关键是维护蓄电池。蓄电池要求在 0～30℃环境中工作，25℃时效率最高。因此，在冬季和夏季，一定要注意 UPS

的工作环境。温度高了会缩短电池寿命，温度低了，将达不到标称的延时。

（二）UPS 的日常维护

（1）每半年检测一次 UPS 的端电压。如果电压过低，就应该使用恒压限流（0.5A）电源进行充电，若达不到标称电压，则必须更换新电池。如果当地长期不停电，应定期（3 个月）人为中断供电，使 UPS 带负载放电。

（2）每 3 个月检查一次 UPS 的防雷接地系统。一定要注意保证 UPS 的有效屏蔽和接地保护。

（3）定期（6 个月）对电池进行充放电。一般 UPS 对电池放电有保护措施，但放电至保护关机后，电池又可以恢复到一定的电压，但这时不允许重新开机，否则会造成电池过放电。UPS 必须重新充电后才能投入正常使用，这样可以延长电池的使用寿命。

（4）新配置的 UPS（或存放一段时间的 UPS），必须先对电池充电之后才能投入正常使用，否则无法保证备用时间。

（5）定期清除 UPS 机内的积尘，测量蓄电池组的电压，检查风扇运转情况。

（6）严禁频繁地关闭和开启 UPS。一般要求在关闭 UPS 后，至少等待 6s 后才能开启 UPS，否则，UPS 可能进入"启动失败"的状态，即 UPS 进入既无市电输出、又无逆变输出的状态。

四、其他设备运行维护

（一）传感器

水厂监测与自动控制系统中用到的主要有压力、流量、电量、液位等传感器。这些传感器将探测到的信号传递给其他装置，转换成模拟电信号、数字输出信号或频率信号等。在使用中应注意：避免与腐蚀性或高温介质接触；防止渣子在导管内堆积；测量液体压力时，取压口应开在管道侧面；测量气体压力时，取压口应开在流程管道顶端；在冬季必须采取防冻措施，避免引压口内的液体因结冰体积膨胀，导致损坏传感器；测量液体压力时，应避开容易产生水锤现象的部位；接线时，将电缆穿过防水接头或绕性管，并拧紧密封螺帽，以防雨水等通过电缆渗漏进变送器壳体内；对压力变送器要求每周检查一次，每个月检验一次，主要是清除仪器内的灰尘，对电器元件认真检查，对输出的电流值要经常校对，压力变送器内部是弱电，一定要同外界强电隔开。

（二）显示器

使用显示器时应注意周围环境保持相对干燥通风，不要将显示器放在有磁场的地方。定期对显示器进行清洁，防止灰尘进入内部。防止阳光直接照射。

（三）交换机

不能用湿润的或侵蚀性液体擦洗交换机，要将交换机放置在干燥、稳定的环境中，保持室内通风良好。

（四）大屏幕显示系统

要经常保养屏幕墙箱体、控制器和接口电缆，并定期检查大屏幕系统设备运行状态，检查矩阵、控制计算机、光栅等运行情况，调整输入信号及显示模式。

（五）监控摄像设备

（1）防潮。高度的潮湿会造成监控摄像机内部的金属部分生锈，电路容易短路，镜头的镜片发霉等，极端情况会在磁鼓表面形成水珠。潮湿是监控摄像机的大敌。

（2）防振。振动会对监控摄像机的机械部分产生不良影响。现在的数字监控摄像机机械部分十分精密，有的机械元件厚度不到 0.5mm，而其导柱的定位精度是以微米计算的，较强烈的振动有时会造成机械错位，甚至电路板松脱。

（3）防雷、防干扰。防雷的措施主要是要做好设备接地，应按等电位体方案做好独立的地阻小于 1Ω 的综合接地网，杜绝弱电系统的防雷接地与电力防雷接地网混在一起，以防止电力接地网杂波对设备产生干扰。防干扰是做到布线时坚持强弱电分开原则，把电力线缆跟通信线缆和视频线缆分开。

（4）防尘、防腐。对于监控系统的各种设备来说，由于设备直接置于有灰尘的环境中，对设备的运行会产生直接的影响，需要重点做好防潮、防尘、防腐。在某些潮湿的环境，必须调整安装位置，对环境湿度较大的地方要经常进行除湿。

（5）对易吸尘部分，每季度清理一次。如监视器暴露在空气中，由于屏幕的静电作用，会有许多灰尘被吸附在监视器表面，影响画面的清晰度，要定期擦拭监视器，校对监视器的颜色及亮度。对长时间工作的监控设备每月维护一次。

（6）提交每月一次的定期信息服务。每月第一个工作日，将上月抢修、维修、维护、保养记录表以电子文档的形式报送监控中心负责人。

（7）对监控系统及设备的运行情况进行检查分析，及时发现并排除故障。如：网络设备、服务器系统、监控终端及各种终端外设，桌面系统的运行检查，网络及桌面系统的病毒防御。

（8）每月定期对监控系统和设备进行优化，合理安排监控中心的监控网络需求，如带宽、IP 地址等限制。提供每月一次的监控系统网络性能检测，包括网络的连通性、稳定性及带宽的利用率等。实时检测所有可能影响监控网络设备的外来网络攻击，实时监控各服务器运行状态、流量及入侵监控等。对异常情况进行核查，并及时进行处理。

五、水厂运行监测与自控系统软件的使用维护

水厂计算机监控软件是根据各水厂或区域运行管理中心的具体情况和管理单位的使用要求，结合水厂生产工艺过程，以及自动化设备配置模式，由系统软件开发单位编写完成。水厂的操作、管理人员应严格按照规定的操作方法和规程来使用。计算机软件的维护主要有以下几点。

（1）对所有的系统软件要做备份。当遇到异常情况或某种偶然原因，可能会破坏系统软件时，需要重新安装软件系统，如果没有备份的系统软件，将使计算机难以恢复工作。

（2）对重要的应用程序和数据也应该定期（3 个月）做备份。

（3）经常注意清理磁盘上无用的文件，以有效地利用磁盘容量。

（4）严格禁止进行非法的软件复制。

（5）经常进行计算机病毒查杀检测，防止计算机传染上病毒。

（6）为保证计算机正常工作，在必要时利用软件工具对系统区进行保护。

计算机的使用与维护是分不开的。既要注意硬件的维护，又要注意软件的维护。

水厂运行监测与自控系统软件框架如图 10-8 所示。

在水厂运行监测与自控系统软件使用中，对存在的缺陷或错误应进行修正。为修正错

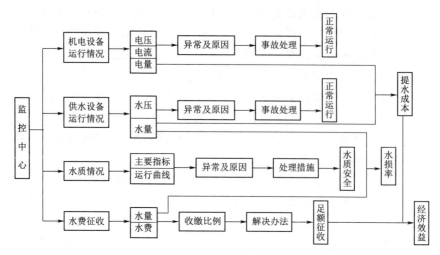

图 10-8　水厂运行监测与自控系统软件框架

误或满足新的使用功能需要进行软件的修改升级。为使系统软件能够适应不断变化的内、外环境条件，还需要更新软件版本。

系统软件在维护中常见的问题有软件过于复杂，难以掌握；软件缺少必要的说明文档；软件使用中缺少必要的技术人员进行指导；软件在设计时，缺少对未来功能的考虑。

按照维护的目的不同，可将维护分为改正性维护、适应性维护、完善性维护、安全性维护。改正性维护是指在系统软件运行期间，对用户发现的错误进行诊断和修改。适应性维护是指为了适应变化了的系统外部环境，需要对系统软件进行必要的升级修改。完善性维护是指为了满足人们对管理系统功能需求的提高所进行的维护。安全性维护是指管理系统软件对农村供水工程信息及运行状态信息所进行的更为严格的防病毒和保密措施。

按照维护活动的内容，可将维护分为程序维护、数据维护、代码维护和设备维护四类。程序维护是指修改一部分或全部程序，修改后的程序应注明修改日期、人员、修改内容等信息。数据维护是指不定期地对文件或数据记录进行增加、修改和删除等操作。代码维护是指为了适应新的环境要求，对系统软件代码进行更正、新设计、添加和删除等。设备维护是指工作人员要定期对设备进行检查、保养和查杀病毒工作，并设立专门设备故障登记表和检修登记表。

参 考 文 献

[1] 冯广志. 村镇水厂运行管理 [M]. 北京：中国水利水电出版社，2014.

[2] 水利部. 全国"十四五"农村供水保障规划 [Z]. 2021.

[3] 张汉松，刘文朝，胡梦，等. 村镇供水工程技术规范：SL 310—2019 [S]. 北京：中国水利水电出版社，2019.

[4] 鲁刚. 新编农村供水工程规划设计手册 [M]. 北京：中国水利水电出版社，2006.

[5] 黑龙江省人民政府. 黑龙江省农村供水工程运行管理办法 [Z]. 2020.

[6] 赵翠，张岚，陶勇，等. 农村应急供水保障技术导则：T/JSGS 010—2013 [S]. 北京：中国标准出版社，2023.

[7] 邬晓梅，刘文朝，赵翠，等. 农村饮水安全评价准则：T/CHES 18—2018 [S]. 北京：中国水利学会，2018.